KB248547

쉐프파파의
쿠킹 스토리

쉐프파파의 쿠킹스토리

초판 1쇄 2014년 2월 10일

지은이 이길남
펴낸이 성철환 **편집총괄** 고원상 **담당PD** 유능한 **펴낸곳** 매경출판㈜
등 록 2003년 4월 24일(No. 2 – 3759)
주 소 우)100 – 728 서울특별시 중구 퇴계로 190 (필동 1가) 매경미디어센터 9층
홈페이지 www.mkbook.co.kr
전 화 02)2000 – 2610(기획편집) 02)2000 – 2636(마케팅)
팩 스 02)2000 – 2609 **이메일** publish@mk.co.kr
인쇄 · 제본 ㈜M – print   031)8071 – 0961

ISBN 979 – 11 – 5542 – 084 – 3(13590)
값 16,000원

쉐프파파의 쿠킹스토리

누구보다 쉽고 빠르게 하지만 맛있게 만드는 특별한 요리!

| 이길남 지음

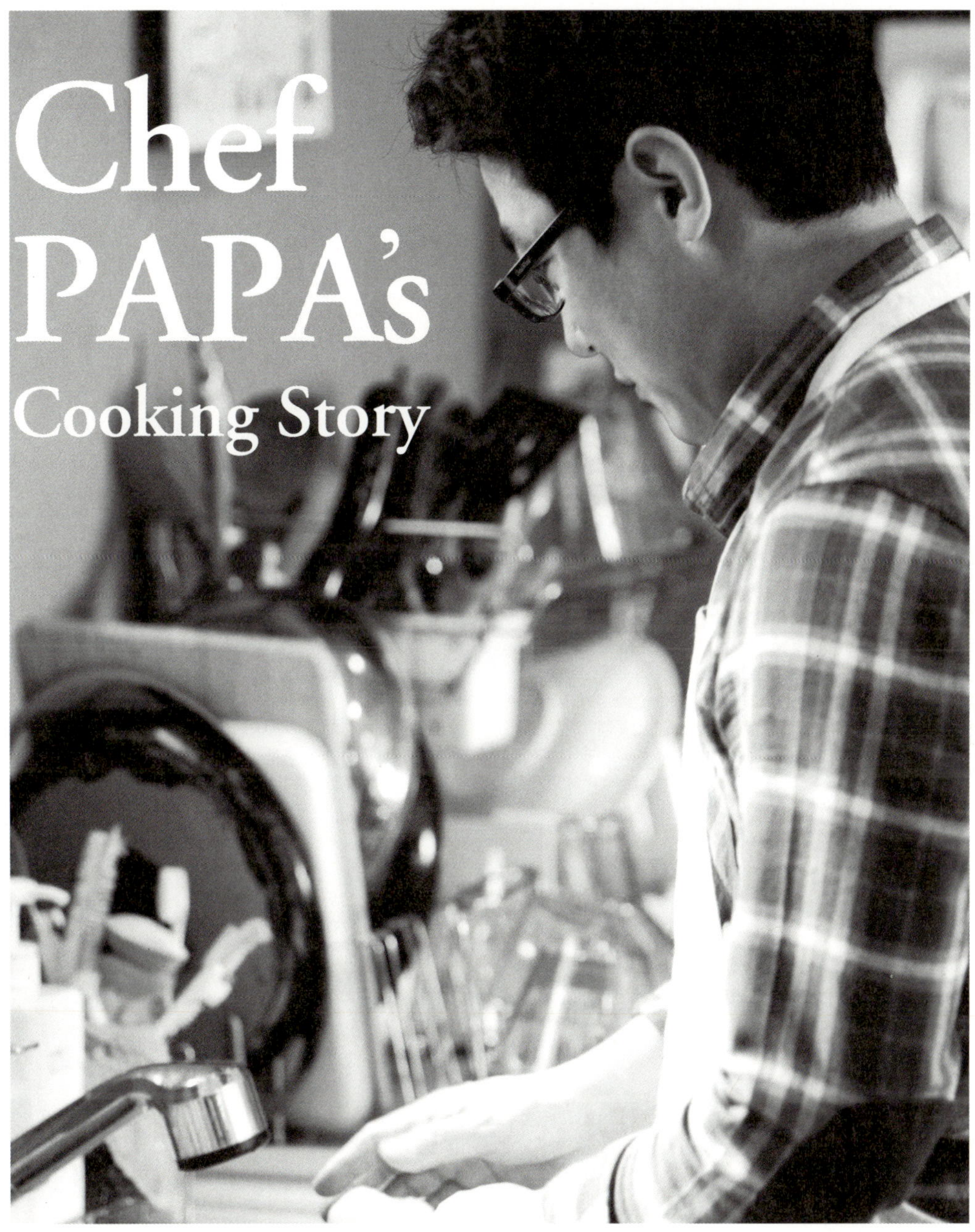

매일경제신문사

Prologue

저에게도 참 놀라운 일입니다. 취미로 시작한 요리가 이렇게 책 출판
으로까지 이어지게 될 줄은 꿈에도 몰랐으니까요. 먼저 출판에 도움을
주신 많은 분들께 깊이 감사드립니다.

1년 전 처음 원고 작업을 위해 펜을 들었을 때가 생각납니다. 처음에
는 '어떤 요리책을 만들까?' 하는 고민을 많이 했습니다. 하지만 결론은
의외로 간단했습니다. 바로 '어릴 적 아버지께서 해주신 요리'를 주제
로 삼는 것이었습니다. '아버지의 요리를 떠올리며 책을 만들자!' 아버
지로서의 제 마음을 사랑하는 가족들에게 잘 전할 수 있는 방법이라고
생각했기 때문입니다.

요즘 남자들은 요리에 관심이 많습니다. 이 책은 그런 분들을 위해
제작되었습니다. 그동안 제가 쌓아온 노하우를 소개한 이 책을 마스터
한 후에는 더욱더 나은 요리실력을 갖게 될 거라고 자신 있게 말씀드립
니다. 물론 저는 전문 셰프도 아니고, 요리대회에서 수상을 해본 사람
도 아닙니다. 단지 요리를 매우 사랑하는 한 남자일 뿐입니다. 몇 년 동
안 요리에 취미를 가지고 공부하다 보니 보통 남자들보다 조금 나을 뿐
이라고 생각합니다.

이 책에 소개한 100여 가지 레시피는 유명 셰프들의 레시피와 많은 차이가 있습니다. 하지만 사랑하는 가족들에게 아빠의 정성을 전하기에 충분한 요리들로 엮었습니다. 아마도 유명 음식점의 화려한 요리보다 아빠의 요리를 더 찾게 될 것입니다.

바쁜 방송일 때문에 집필 과정에 많은 어려움을 겪기도 했지만, 사랑하는 딸 소담이를 생각하면서 힘을 냈습니다. 또 SNS를 통해 항상 격려해 주신 많은 친구들이 계셨기에 출간의 기쁨을 맛볼 수 있게 되었습니다. 응원해 주신 분들께 다시 한 번 깊이 감사드립니다.

저의 필명인 '셰프파파'는 요리하는 모든 아빠들을 말합니다. 사랑하는 가족들을 위해 요리하는 이 시대의 아빠들에게 이 책이 조금이라도 도움 되기를 간절히 소망합니다. 아빠의 따뜻한 사랑이 듬뿍 담긴 요리를 통해 온 가족에게 큰 행복을 전할 수 있기를 바랍니다.

쉐프파파 이길남

Contents

Home Cooking

Dessert

Camping

Part 03 캠핑요리

요리의 기초

계량스푼

1큰술 = 1T(15ml)

1작은술 = 1t(5ml)

½작은술 = 1/2t(2.5ml)

*** 계량스푼 사용 방법**

- 가루를 잴 때: 가득 담은 다음 윗면을 깎아 표면이 평평한 상태를 말한다.
- 육수를 잴 때: 액체가 넘칠 정도의 상태를 말한다.

계량컵

1컵 = 200cc

*** 계량컵 사용 방법**

- 보통 요리책의 1컵은 200cc를 말하는데, 가끔 용량이 큰 것도 있으니 확인해야 한다.
- 가루를 잴 때: 가루를 누르지 않고 살짝 넣은 다음, 컵을 살살 흔들어 표면이 평평해지게 한 후 눈금을 본다.
- 육수를 잴 때: 평평한 곳에 컵을 둔 다음, 옆에서 눈금을 본다.

조리의 기초

***핏물 빼기**   뼈 있는 고기는 물에 담가 반드시 핏물을 빼준다.

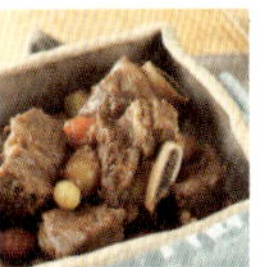

***찜**   - 물이 끓을 때 찜기를 올려 준다.

　　　- 고기나 생선찜을 할 때는 냄비 바닥에 먼저 야채를 깔아 준다.

***데치기**   끓는 물에 소금을 넣고 녹색 야채를 데친다.

***볶기**   양념장을 넣을 때에는 팬의 가장자리로 넣는다.

***부침**   팬을 먼저 달군 다음, 식용유를 두른 후 재료를 넣는다.

***무침**   재료에 따라 강약 조절을 위해 손과 젓가락을 이용하여 무친다.

***조림**   양념장이 재료에 잘 배도록 양념장을 먼저 넣어 끓인 다음 졸인다.

Chef PAPA's

COOKING STORY

Part 01

—

홈쿠킹

Home Cooking

집에서 즐길 수 있는
다양한 메뉴를 소개합니다.

해물탕

재료 (4인분)

각종 해산물(새우, 오징어, 미더덕, 꽃게, 전복, 키조개, 가리비, 홍합, 모시조개), 된장 1T, 육수(멸치 다시마) 4컵, 콩나물 200g, 무 5cm, 풋고추 1개, 홍고추 1개, 대파 1대, 양파 ¼개, 미나리 50g

양념장

고추장 2T, 고춧가루 3T, 간장 1T, 청주 2T, 다진 마늘 1T, 다진 생강 1T, 후춧가루 약간

겨자 소스

연겨자 2t, 간장 4T, 식초 1T, 설탕 ¼t

Recipe

1. 무는 나박 썰고, 풋고추, 홍고추, 대파는 어슷 썰고, 양파는 채 썰고, 미나리는 5cm 길이로 썬다.

2. 냄비에 무, 콩나물을 깔고 육수와 된장을 넣고 끓인다.

3. 끓기 시작하면 손질한 각종 해산물과 양념장을 넣고 끓인다.

4. (3)에 채 썬 풋고추, 홍고추, 대파, 양파, 미나리를 넣고 완성한다.

5. 겨자 소스를 만들어 함께 준비한다.

안심샐러드 

재료 (4인분)

소고기안심 400g

청주 2T

후춧가루 약간

허브솔트 약간

발사믹크림 소스 적당량

샐러드채소 100g

새싹채소 10g

그라나파다노치즈 적당량

방울토마토 8알

Recipe

1. 소고기를 청주, 후추, 허브솔트로 밑간한다.

2. (1)을 그릴팬에 굽는다.

3. 그릇에 (2)와 새싹채소, 샐러드채소, 치즈,
   방울토마토를 담고 발사믹크림 소스를 뿌린다.

콩비지찌개

재료 (4인분)

- 콩비지(시판용) 2봉
- 돼지고기(앞다리살) 300g
- 청주 1T
- 고춧가루 1T
- 다진 마늘 1t
- 후춧가루 약간
- 참기름 4T
- 김치 ¼포기
- 풋고추 1개
- 홍고추 1개
- 대파 ½대
- 육수(멸치 다시마) 2컵
- 새우젓(간 조절용)

Recipe

1. 돼지고기를 2cm 폭으로 썬 후에 청주, 고춧가루, 다진 마늘, 후추로 밑간한다. 김치는 물기를 짠 후 송송 썬다. 풋고추, 홍고추와 대파는 송송 썬다.

2. 냄비에 참기름을 두르고 돼지고기를 볶다가 썰어 놓은 김치를 함께 볶는다.

3. (2)에 육수를 넣고 끓이다 콩비지를 넣고 계속 끓인다.

4. (3)에 준비한 풋고추, 홍고추, 대파를 넣고 끓이다가 새우젓으로 간을 한다.

쉐프파파's 브런치1

재료 (4인분)

모닝빵(땅콩잼&딸기잼)

달걀오믈렛
(달걀 8개, 스팸 ½캔, 맛살 4개, 느타리버섯 50g, 양파 ¼개,
당근 ⅛개, 청피망 ½개, 우유 ½컵, 소금 약간, 식용유 약간)

베이컨 12조각

샐러드(샐러드채소 믹스 120g, 발사믹식초드레싱 믹스 4T)

Recipe

1. 오믈렛 재료는 모두 주사위 모양으로 썬다.

2. 달군 팬에 식용유를 두르고 양파, 당근, 스팸을 넣고 볶는다.

3. 양파가 투명해지면 맛살, 느타리버섯, 청피망을 넣고 볶는다.

4. 채소가 익으면 달걀과 우유를 골고루 푼 다음 스크램블 형태로
   오믈렛을 완성한다.

5. 베이컨은 마른 팬에 굽는다.

6. 샐러드채소는 깨끗이 씻어 물기를 제거한다.

7. 모두 보기 좋게 담는다.

찹스테이크

재료 (4인분)

소고기(안심) 400g

빨강 노랑 파프리카 1개씩

청피망 1개

양파 1개

양송이버섯 12개

파인애플링 4개

올리브오일 약간

레드와인(청주) 약간

후춧가루 약간

소금 약간

파슬리가루 약간

양념장

스테이크 소스 3T

머스타드 소스 1T

케첩 2T

올리고당 1T

후춧가루 약간

Recipe

1. 소고기를 먹기 좋은 크기로 자른 후 레드와인, 소금, 후추로 밑간을 한다.

2. 파프리카, 청피망, 양파, 양송이버섯, 파인애플을 알맞은 크기로 썬다.

3. 팬에 올리브오일을 두른 후, 밑간한 소고기를 볶는다.

4. 손질한 파프리카, 청피망, 양파, 양송이버섯도 소고기와 같이 소금과 후추를 넣고 볶는다.

5. (3)에 양념장을 넣고 볶다가, (4)와 파인애플을 넣고 함께 볶는다.

6. 완성되면 그릇에 담고, 파슬리가루를 뿌린다.

새우볶음밥

재료 (4인분)

생새우 12마리
오징어 몸통 1마리
양파 ¼개
당근 1개
대파 1대
마늘 4개
달걀 4개
굴소스 2T
버터 3T
밥 4공기
소금 약간

새우·오징어 밑간

청주 약간
후춧가루 약간
소금 약간

Recipe

1. 새우(내장 제거)와 오징어(껍질 제거)를 손질해서 청주, 소금, 후추로 밑간한다.

2. 양파, 당근, 대파, 마늘을 곱게 다진다.

3. 새우, 오징어는 알맞은 크기로 썰어 놓는다.

4. 팬에 올리브유를 두르고, 마늘을 넣고 볶다가 다진 양파, 당근, 대파, 새우, 오징어, 굴소스와 후추를 넣고 볶는다.

5. 달걀은 스크램블 한다.

6. (4)에 밥과 버터를 넣고 볶다가, 스크램블한 달걀과 함께 섞는다.

소고기미역국

Recipe

1. 미역을 찬물에 넣어 불린다.

2. 불린 미역을 많이 치댄 후, 먹기 좋은 크기로 잘라 준비한다.

3. 냄비에 물을 넣고 소고기를 삶는다. 삶은 고기는 잘 찢어서 간장과 다진 마늘을 넣고 버무려 놓는다.

4. 냄비에 참기름 두르고 준비한 미역을 볶는다.

5. 미역의 색이 진해지면 소고기 삶은 물과 밑간한 고기를 함께 넣고 끓인다.

6. 국간장과 소금으로 간을 맞춘다.

재료 (4인분)

소고기(양지) 200g

마른 미역 적당량

물 8컵

국간장 1T

다진 마늘 1t

참기름 4T

국간장 1T

소금 약간

소불고기

재료 (4인분)

소고기(채끝살) 불고기감 500g
팽이버섯 1봉
양파 ½개
대파 1대

양념장

간장 3T
다진 마늘 1T
다진 생강 1t
유자청 1T
참기름 1T
올리고당 2T
설탕 1T
후춧가루 약간
깨소금 1T
배즙 3T
청주 1T

Recipe

1. 소고기를 키친타월에 올려 핏물을 제거한 다음, 양파는 채 썰고, 대파는 어슷 썬다.

2. 볼에 소고기를 넣고 양념장으로 재운다.

3. 달군 팬에 (2)를 넣고 볶다가 채 썬 양파, 대파, 팽이버섯을 넣고 볶는다.

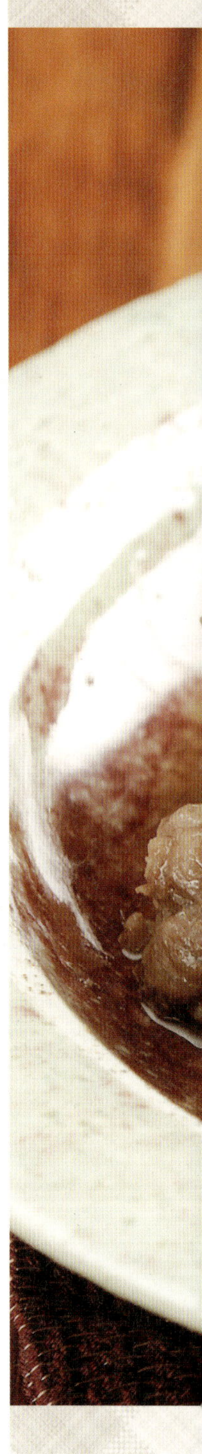

토마토 소스 해물 파스타

재료 (4인분)

파스타면 300g
홍합 100g
칵테일 새우 12마리
바지락 1봉
오징어 1마리
토마토파스타 소스(시판용) 1병
다진 마늘 1T
올리브유 8T
화이트와인 1컵
방울토마토 8개
생바질잎 적당량
파마산치즈가루 적당량

Recipe

1. 끓는 물에 소금과 면을 넣고 9분 동안 삶는다.
   * 면의 종류에 따라 삶는 시간은 조금씩 다를 수 있습니다.

2. 해산물은 깨끗하게 손질하고, 방울토마토는 반으로 가른다.

3. 팬에 올리브오일을 두르고 다진 마늘을 볶다가, 손질해 놓은 해산물을 넣고 볶는다. 어느 정도 재료가 익으면 화이트와인을 넣고 뚜껑을 닫는다.

4. (3)에 토마토 소스와 방울토마토를 넣고 끓인다.

5. (4)에 삶은 면과 생바질잎을 넣어 섞은 뒤, 그릇에 담고 파마산 치즈가루를 뿌린다.

전복죽

재료 (4인분)

전복 8마리, 쌀 1컵, 물 11컵, 참기름 4T, 소금 약간

Recipe 

1. 쌀은 깨끗이 씻어 불린다.

2. 전복은 깨끗이 씻어 내장을 분리한 후, 먹기 좋은 크기로 자른다.

3. 팬에 참기름 1T를 두르고 내장을 볶다가 물 2컵을 넣고 끓인다.

4. (3)이 완성되면 채에 걸러 육수만 준비한다.

5. 팬에 참기름 3T를 두르고 전복살을 볶는다.

6. 냄비에 참기름을 두르고 불린 쌀을 볶다가 내장육수를 넣는다.

7. (6)에 뜨거운 물 9컵을 넣고 끓이다가 쌀이 퍼지면 전복을 넣고 끓인 후, 소금으로 간을 한다.

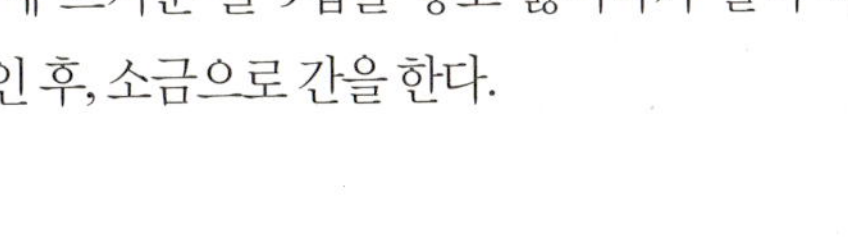

꼬막찜

재료 (4인분)

해감한 꼬막 400g
양파 ½개
다진 마늘 2T
방울토마토 8개
생파슬리가루 적당량
화이트와인 1컵

양념장

토마토파스타 소스
(시판용 1병)
고추장 1 ½T
후춧가루 약간

Recipe

1. 꼬막을 주방용 솔로 깨끗하게 손질한다. 양파는 채 썰고 방울토마토는 반으로 자른다.

2. 달군 냄비에 올리브오일을 두른 후, 다진 마늘과 채 썬 양파를 볶는다.

3. 손질한 꼬막과 화이트와인을 넣고 뚜껑을 닫은 후 끓인다.

4. (3)의 꼬막이 열리면 양념장, 방울토마토를 넣고 끓이다, 다진 생파슬리가루를 넣고 버무린다.

비프커리

재료 (4인분)

소고기(등심 또는 안심) 400g, 감자 4개, 당근 ½개, 양파 1개, 옥수수콘 1캔, 완두콩캔 4T, 다진 마늘 4T, 사과 2개, 레드와인 2컵, 물 2컵, 카레가루 8T, 강황가루 약간, 식용유 약간

Recipe

1. 소고기를 먹기 좋은 크기로 자르고, 감자와 당근은 주사위 모양으로 잘라 삶는다. 양파는 채 썬 후 볶아 준비한다.

2. 달군 팬에 기름을 두르고 소고기를 넣고 볶다가 어느 정도 익으면 물을 넣고 끓인다.

3. (2)에 삶은 감자, 삶은 당근, 볶은 양파, 옥수수콘, 완두콩, 다진 마늘을 넣고 끓인다.

4. 따뜻한 물에 갠 카레가루와 강황가루, 강판에 간 사과, 레드와인을 (3)에 넣고 주걱으로 잘 저으면서 끓인다.

양송이필라프

재료 (4인분) 

양송이 8개

양파 ¼개

당근 ⅛개

청·홍피망 ½개씩

버터 4T

카레가루 4T

강황가루 적당량

참기름 2T

밥 4공기

소금 약간

후춧가루 약간

식용유 약간

새싹채소(또는 무순) 약간

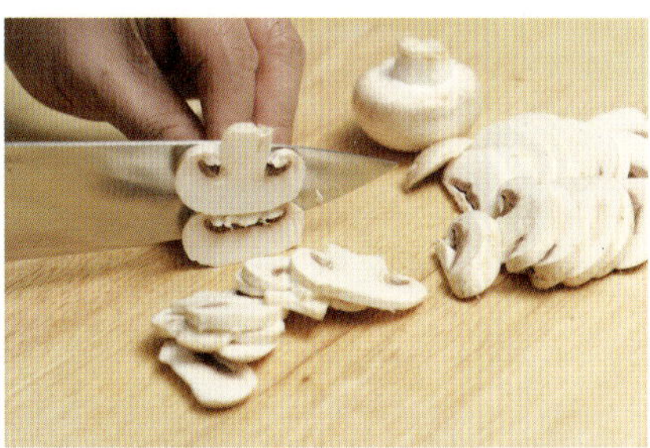

Recipe

1. 양송이는 편 썰고, 양파, 당근, 청·홍피망은 굵게 다진다.

2. 팬에 식용유를 두르고, 다진 양파, 당근, 청·홍피망을 넣고 볶는다.

3. (2)에 밥, 카레가루, 강황가루, 양송이, 버터, 소금, 후추를 넣고 충분히 볶는다.

4. 불을 끄고 (3)에 참기름을 넣는다.

참치타다키

재료 (4인분)

냉동참치 400g
샐러드용 채소 120g
오리엔탈 드레싱 4T

Recipe

1. 달군 팬에 냉동참치의 겉면만 익도록 살짝 굽는다.

2. (1)을 곧장 얼음물에 넣었다가, 바로 건져 물기를 제거한 후 알맞은
   크기로 자른다.

3. 샐러드용 채소는 깨끗이 씻어 물기를 제거한다.

4. 접시에 (2)와 샐러드용 채소와 드레싱을 올린다.

불에서 오래 구우면 속까지 바로 익어버리기 때문에 센 불에서 한 면씩
돌려가면서 재빨리 익혀 주어야 한다.

돼지보쌈

재료 (4인분)

돼지고기(통삼겹살) 600g, 통후추 1T, 통마늘 8개, 양파 ½개,
대파 1대, 청주 ¼컵, 된장 2T

Recipe

1. 삼겹살은 실로 묶는다.

2. 냄비에 찬물을 넣고 돼지고기(실로 묶은 삼겹살),
   통후추, 통마늘, 대파, 된장, 양파, 청주를 넣고 삶는다.

3. 삶은 고기를 먹기 좋은 크기로 자른다.

4. 완성 그릇에 담는다.

닭봉조림

재료 (4인분)

닭봉(1팩)
가래떡 2줄(밑간 : 간장 1T,
참기름 1T)
우유 적당량
청주 1T
소금 약간
후춧가루 약간

양념장

간장 3T
청주 1T
유자청 1T
올리고당 1T
통깨 1T
후춧가루 약간
참기름 1T
다진 마늘 1T

Recipe

1. 닭봉을 흐르는 물에 씻은 후, 우유에 담가 놓는다.

2. 물기를 제거한 후 청주, 소금, 후추로 밑간한다. 가래떡은 4
   등분한 후 4cm 길이로 썬 다음 간장, 참기름으로 밑간한다.

3. 팬에 기름을 약간 두르고 밑간한 고기를 굽는다.

4. 양념장을 만든다.

5. (3)에 양념장과 가래떡을 넣고 조린다.

고등어조림

재료 (4인분)

고등어 1마리
청주 1T
소금 약간
후춧가루 약간
무 5cm
고사리 200g
대파 ½대
양파 ½개
풋고추·홍고추 1개씩
육수(멸치 다시마) 2컵

양념장

간장 3T
청주 1T
유자청 1T
올리고당 1T
통깨 1T
후춧가루 약간
참기름 1T
다진 마늘 1T

Recipe

1. 고등어(토막)를 흐르는 물에 깨끗하게 씻은 다음 청주, 소금, 후추로 밑간한다.

2. 무는 도톰하게 썰고, 고사리는 10cm 폭으로 썰고, 대파는 어슷하게 썰고, 양파는 도톰하게 채 썬다. 풋고추, 홍고추는 어슷하게 썬다. 양념장을 고루 섞는다.

3. 냄비에 무를 깔고 고등어를 얹은 다음 고사리, 양념장, 육수를 넣고 한소끔 끓인다.

4. 끓기 시작하면 준비한 대파, 양파, 풋고추, 홍고추를 넣고 더 끓인다.

두부두루치기

재료 (4인분)

두부 1모
당근 ⅓개
양파 ½개
대파 1대

양념장

고추장 2T
고춧가루 1T
간장 1T
다진 마늘 ½T
다진 생강 1t
올리고당 1T
후춧가루 약간
통깨 1T
물 3T

Recipe

1. 두부를 도톰하고 크게 썬다. 당근, 양파, 대파
   는 어슷 썬다.

2. 팬에 양념장을 넣고 끓이다가, 두부를 넣고 끓
   인다.

3. (2)에 준비한 당근, 양파, 대파를 넣는다.

4. 완성 그릇에 담은 후, 통깨를 뿌린다.

소고기뭇국

재료 (4인분) 

소고기(양지머리) 200g

무 5cm

대파 1대

물 6컵

다진 마늘 1t

국간장 적당량

후춧가루 약간

소고기 밑간

다진 마늘 1t

간장 1t

후춧가루 약간

Recipe

1. 소고기는 20분간 찬물에 담가 핏물을 제거한다.

2. 냄비에 핏물을 제거한 소고기와 무를 삶는다.

3. 삶은 소고기를 먹기 좋은 크기로 찢어 다진 마늘, 간장, 후추로 밑간하고 무는 먹기 좋은 크기로 자른다. 대파는 어슷 썬다.

4. 냄비에 삶은 고기육수와 무, 양념한 소고기를 넣고 끓이다가 다진 마늘과 대파를 넣은 뒤 국간장으로 간을 맞춘다.

Chef PAPA

고기 맛을 더 좋게 하려면 밑간을 하는 것이 좋다.

조랭이굴떡국

재료 (4인분)

굴 1봉, 떡국떡 200g,
조랭이떡 100g,
애호박 ¼개, 양파 ¼개,
대파 ¼대, 달걀 2개,
육수(멸치 다시마 또는 사골) 6컵,
국간장 약간, 후춧가루 약간,
소금 약간

Recipe

1. 냄비에 육수를 넣고 끓인다. 애호박은 반달 모양으로 썰고, 양파는 채 썰고, 대파는 어슷 썬다.

2. 끓기 시작하면 떡국떡과 조랭이떡을 넣어 끓이다가, 굴을 넣고 계속 끓인다.

3. (2)에 썰어 놓은 애호박, 양파, 대파를 넣고 풀어 놓은 달걀물을 넣는다. 국간장, 후추(기호에 따라)로 간을 맞춘다.

오므라이스

재료 (4인분)

햄 100g
당근 ⅛개
양파 ¼개
실파 4대
밥 4공기
소금 약간
후춧가루 약간
달걀 4개

토마토 소스

토마토홀 2개
양파 ½개
올리브오일 4T
소금 약간
설탕 약간
허브 약간

Recipe

1. 모든 채소를 깨끗이 씻어 잘게 다진 후, 밥과 함께 볶는다.

2. (1)에 케첩을 넣고 볶는다.

3. 달걀을 풀어 소금으로 간하고 지단을 만든다.

4. (3)에 (2)를 얹고 잘 싼 후, 준비한 토마토 소스를 얹는다.

전복버터구이

재료 (4인분)

전복 8개
청주 1t
소금 약간
후춧가루 약간
옥수수콘 4T
모짜렐라치즈 1컵
빨강 노랑 파프리카 ¼개씩
버터 4T

Recipe

1. 전복을 흐르는 물에 깨끗이 씻은 후, 숟가락으로 몸통을 뗀다.

2. 몸통에서 내장을 떼어낸 후 몸통을 먹기 좋은 크기로 썰고 청주, 소금, 후추로 밑간한다.

3. 파프리카는 잘게 다진다.

4. 팬에 버터를 두르고 (2)와 다진 파프리카를 볶는 후 껍질에 담는다.

5. (4)에 옥수수콘, 모짜렐라치즈를 얹어 오븐에 굽는다.

나가사끼짬뽕

재료 (4인분)

새우 4마리
오징어 1마리
홍합 20개
청주 2T
양파 ½개
양배추잎 4장
대파 1대
표고버섯 2개
고추기름 4T
다진 마늘 1t

육수

나가사끼라멘 스프(시판용) ½컵
다시마육수 5컵
다진 마늘 1t
다진 생강 ½t
건고추 2개
청주 2T

Recipe

1. 해산물은 깨끗이 손질하고 오징어는 한입 크기로 준비한다. 채소는 모두 채 썬다.

2. 나가사끼라멘 스프에 다시마육수, 다진 마늘, 다진 생강, 건고추, 청주를 넣고 끓인다.

3. 팬에 고추기름을 두르고 다진 마늘을 볶다가 준비한 새우, 오징어, 홍합, 청주를 넣고 마저 볶는다.

4. 해산물의 색이 변할 때 채 썬 양파, 양배추, 대파, 버섯을 넣고 함께 볶는다.

5. (4)에 (2)를 넣고 끓인다.

관자샐러드

재료 (4인분)

관자 8개
화이트와인 ½컵
소금 약간
후춧가루 약간
오리엔탈 드레싱 적당량

Recipe

1. 관자는 반으로 포를 뜬 후 화이트와인, 소금, 후추로 밑간한다.

2. 스테이크그릴팬에 (1)을 굽는다.

3. 그릇에 구운 관자와 샐러드용 채소와 소스를 함께 담는다.

골뱅이무침

재료 (4인분)

골뱅이(시판용 캔)
북어포 8줄
대파 1대
양파 ½개
오이 1개
당근 ¼개
소면 150g

양념장

고춧가루 6T
설탕 4T
다진 마늘 2T
참기름 2T
식초 8T
통깨 2T

Recipe

1. 북어포(혹은 오징어포)는 5cm 길이로 어슷하게 잘라 골뱅이 국물에 담가 불린다.

2. 대파, 양파, 오이, 당근을 채 썬 후 대파와 양파는 찬물에 담근다.

3. 양념장을 만든다.

4. 볼에 골뱅이, 북어포, 대파, 양파, 오이, 당근, 양념장을 넣고 골고루 섞는다.

소고기찹쌀구이말이

재료 (4인분)

소고기(육전용) 20개
찹쌀가루 1컵
양파 ¼개
당근 ⅛개
오이 ¼개
무순 약간
겨자 소스 적당량

양념장

간장 1T
청주 1T
다진 마늘 1t
소금 약간
후춧가루 약간

Recipe

1. 소고기를 양념장에 버무린 후, 찹쌀가루를 묻힌다.

2. 양파, 당근, 오이를 채 썬다.

3. 팬에 기름을 두르고, (1)을 굽는다.

4. (3)에 양파, 당근, 오이, 무순을 넣고 둥글게 만다.

북엇국

재료 (4인분)

북어포 12개
국간장 2t
다진 마늘 1t
후춧가루 약간
참기름 4T
건새우 ½컵
바지락 1봉
콩나물 120g
두부 ½모
풋고추 1개
홍고추 1개
대파 ½대
육수(멸치 다시마) 4컵
달걀 4개
새우액젓 약간
후춧가루 약간

Recipe

1. 북어포는 어슷하게 4cm 길이로 자른 후 물에 불린 다음 물기를 없앤다.

2. 불린 북어포에 국간장, 다진 마늘, 후추를 넣고 무친다.

3. 냄비에 참기름을 두르고, 무쳐 놓은 북어포를 볶는다.

4. (3)에 육수와 콩나물, 건새우, 바지락을 함께 넣어 한소끔 끓인다.

5. 두부는 주사위 모양으로 썰고, 풋고추, 홍고추는 송송 썰고, 대파는 어슷하게 썬다. 달걀은 골고루 푼다.

6. (4)에 두부, 풋고추, 홍고추, 대파를 넣고 풀어 놓은 달걀물을 넣은 후 새우액젓과 후추로 간한다.

쉐프파파's 브런치 2

Recipe

1. 소시지는 칼집을 내서 굽는다.

2. 감자를 깨끗하게 씻은 후, 껍질이 있는 상태로 주사위 모양으로 자른다.

3. 끓는 물에 감자를 삶은 후 물기를 없앤다.

4. 팬에 올리브오일을 두르고, 감자를 넣은 다음 허브솔트(소금과 후추로도 가능)로 간 하며 고루 익힌다.

5. 아스파라거스는 깨끗이 씻어 필러로 껍질을 벗긴 후 베이컨으로 만다.

6. (5)를 팬에 돌려 가며 굽는다.

재료 (4인분)

바게트 1개
소시지 12개
감자 4개
올리브오일 약간
허브솔트 약간
아스파라거스 8개
베이컨 8장

미트볼

재료 (4인분)

다진 소고기 100g, 다진 돼지고기 200g, 양파 ¼개, 대파 5cm, 파슬리가루 약간,
소금 약간, 후춧가루 약간, 밀가루 약간

소스

토마토 파스타 소스 2컵, 물 ½컵

Recipe

1. 미트볼 재료인 양파, 대파는 곱게 다진다.

2. 다진 소고기와 돼지고기, 양파, 대파, 파슬리가루, 소금, 후추를 넣
   고 골고루 치댄다.

3. 적당한 크기로 볼을 만든다.

4. (3)의 겉면에 밀가루 옷을 입힌 후 달군 팬에 오일을 두른 다음 볼
   을 넣고 골고루 익힌다.

5. (4)에 소스를 넣고 졸인다.

묵은지등갈비찜

재료 (4인분)

돼지등갈비 2kg
묵은지 ½포기
양파 1개
대파 1대
마늘 4알
통후추 약간
인스턴트커피 1t
청주 ½컵
풋·홍고추 1개씩
육수(멸치 다시마) 1컵

양념장

고춧가루 3T
다진 마늘 1T
다진 생강 1t
간장 1T
청주 2T
설탕 1T
올리고당 2T
매실청 1T
후춧가루 약간

Recipe 

1. 돼지등갈비를 2시간 이상 찬물에 담가 핏물을 뺀다. 양파, 대파, 풋·홍고추는 어슷하게 썬다.

2. 냄비에 찬물을 넣은 후 대파, 마늘, 청주, 인스턴트커피, 통후추를 넣고 돼지등갈비를 삶는다.

3. 삶은 돼지등갈비를 준비한 양념장을 조금 넣고 버무린다.

4. 냄비에 양념한 등갈비를 깔고, 그 위에 묵은지를 올린다.

5. (4)에 육수를 넣고 끓이다 썰어 놓은 양파, 대파, 풋·홍고추를 넣고 더 끓인다.

새우채소볶음

Recipe

1. 새우는 깨끗하게 씻은 후 껍질과 내장을 제거하고 청주, 소금, 후추로 밑간한다.

2. 삼색 파프리카, 청피망, 양파, 양송이버섯은 먹기 좋은 크기로 썬다.

3. 달군 팬에 기름을 두르고 다진 마늘을 볶다가, (1)을 넣고 마저 볶는다.

4. 새우의 색이 변할 때 (2)를 넣고 볶다가 굴소스, 후추, 버터를 넣고 볶은 다음 완성되면 파슬리가루를 뿌린다.

재료 (4인분)

- 새우 12마리
- 청주 1T
- 후춧가루 약간
- 소금 약간
- 삼색 파프리카 ½개씩
- 청피망 ½개
- 양파 ½개
- 양송이버섯 4개
- 다진 마늘 1t
- 올리브오일 약간
- 굴소스 2T
- 버터 1T
- 파슬리가루 약간

베이컨숙주볶음덮밥

재료 (4인분)

베이컨 4장
숙주 100g
양배추잎 4장
양파 ¼개
대파 ½대
느타리버섯 50g
다진 마늘 1T
고추기름 2T
굴소스 4T
밥 4공기
소금 약간
후춧가루 약간

Recipe

1. 모든 재료는 0.5×0.5cm 크기의 주사위 모양으로 썬다.

2. 팬에 고추기름을 두르고 다진 마늘, 베이컨을 먼저 볶는다.

3. (2)에 썰어 놓은 채소를 함께 볶다가, 숙주와 굴소스, 참기름, 소금, 후추를 넣고 간을 맞춘다.

4. 그릇에 밥을 담고 (3)을 얹는다.

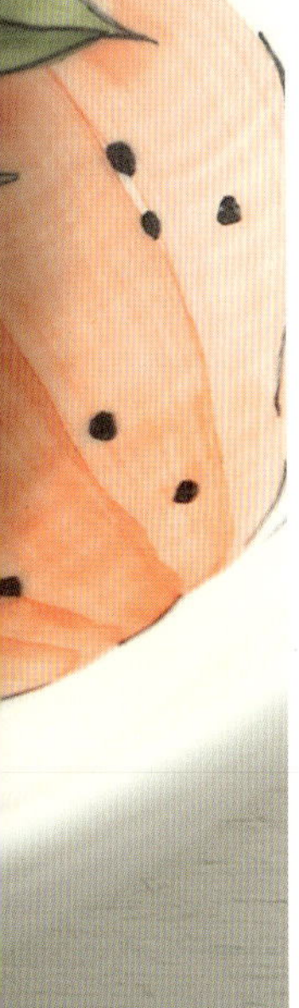

탕수육

재료 (4인분)

돼지고기(탕수육용) 200g,
청주 약간, 후춧가루 약간, 소금 약간,
밀가루 적당량, 물 적당량,
파인애플 2개, 당근 ⅛개,
양파 ⅛개, 오이 ⅙개,
목이버섯 4조각

소스

물 ¾컵
설탕 6T
식초 2T
우스타 소스 2T
A1 소스 2T
케찹 2T
전분물 약간

Recipe

1. 돼지고기를 5cm×0.8cm×0.8cm 길이로 자른 후 소금, 후추, 청주로 밑간한다.

2. 당근, 양파를 편으로, 오이는 씨를 발라낸 후 마름모 모양으로, 파인애플, 목이버섯은 먹기 좋은 크기로 자른다.

3. (1)의 돼지고기에 마른 밀가루 옷을 입힌 후 밀가루와 물을 섞어 반죽을 만든다. 돼지고기를 반죽에 묻혀 튀긴다.

4. 소스 재료를 모두 섞어 소스를 만든다.

5. (4)에 채소를 넣고 끓인 후 감자전분으로 농도를 맞춘다.

6. 그릇에 돼지고기 튀김을 놓고 그 위에 소스를 부어서 완성한다.

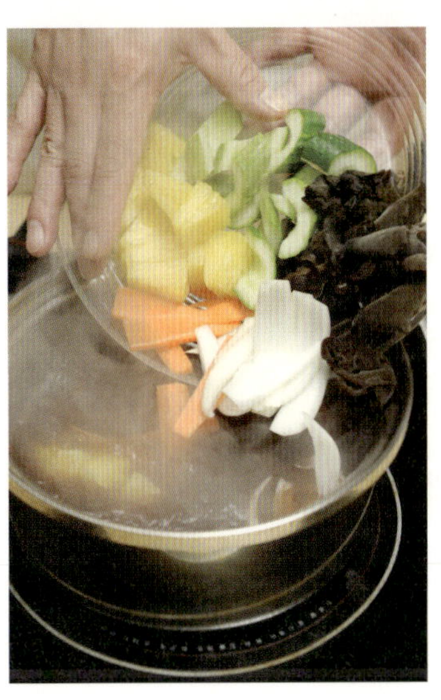

치킨가라아게

재료 (4인분)

닭고기(다리살) 500g
달걀 2개

밑간

청주 1T
다진 마늘 1T
다진 생강 1t
카롤라유 적당량
후춧가루 약간
소금 약간

튀김옷

밀가루(박력분) 3T
감자전분 3T
볶은콩가루 1T
베이킹파우더 약간

참깨드레싱

참깨가루 1T
설탕 1T
식초 1T

Recipe

1. 닭다리살을 먹기 좋은 크기로 자른다.

2. (1)을 밑간한다.

3. 밑간을 닭다리살을 튀김옷, 달걀물, 튀김옷
   순서로 묻혀 달군 기름에 튀긴다.

4. 그릇에 (3)과 샐러드채소, 참깨드레싱을 함
   께 담는다.

영양삼계탕

재료 (4인분)

닭 한 마리
찹쌀 ½컵
대추 4개
인삼 1대
밤 8개
대파 ½대
마늘 8알
물 적당량

Recipe

1. 닭고기를 깨끗하게 손질한다.

2. 찹쌀은 깨끗하게 씻은 후, 물에 불린다.

3. 손질한 닭 뱃속에 준비한 재료들을
   넣은 뒤, 다리를 교차해 놓는다.

4. 냄비에 (3)과 물을 넣고 끓인다.

오색비빔밥

재료 (4인분)

오색채소(당근, 시금치, 버섯, 콩나물, 오이) 각 100g씩, 소금, 후춧가루 약간

소고기볶음고추장

다진 소고기 50g, 고추장 4T, 다진 마늘 1t, 간장 1T, 올리고당 3T,
참기름 1T, 후춧가루 약간

Recipe 

1. 당근은 편 썰고, 시금치는 깨끗이 씻어 낱낱이 떼고, 버섯도 편 썰고, 콩나물은 다듬고, 오이는 어슷하게 썬다.

2. 달군 팬에 기름을 두른 후, 소금과 후추로 밑간해 다섯 가지 채소를 각각 볶는다.

3. 소고기볶음고추장을 만든다.

4. 그릇에 밥을 담고, (2)와 (3)을 올린다.

월남쌈말이

재료 (4인분)

빨강 노랑 파프리카 각 1개
무순 10g
오이 1개
팽이버섯 50g
칵테일새우 40마리
월남쌈 20장

땅콩버터 소스

땅콩버터 2T
올리고당 2T
물 2T
땅콩 1T

Recipe

1. 모든 채소는 먹기 좋은 크기로 썬다.

2. 끓는 물에 칵테일새우를 데친다.

3. 소스를 만든다.

멸치잔치국수

재료 (4인분)

국물용 멸치 30마리
대파 1대, 양파 ½개,
물 8컵, 소면 300g,
애호박 ¼개, 당근 ¼개,
양파 ¼개
다진 소고기 100g
후춧가루 약간, 김 1장,
조선간장 약간

양념장

간장 2T
고춧가루 1T
통깨 1T
다진 파 1T

Recipe

1. 국물용 멸치는 머리와 내장을 제거해 손질하고, 대파와 양파는 껍질과 뿌리까지 깨끗이 씻은 후 냄비에 멸치, 대파, 양파를 넣고 볶다 물을 붓고 끓여 육수를 낸다.
   국간장, 소금, 후추로 간을 맞춘다.

2. 애호박, 당근, 양파는 모두 채 썰어 기름을 두른 팬에 볶는다.
   다진 소고기도 후추로 간 한 후 볶는다.
   김은 잘게 부수어 준비한다.

3. 소면은 삶은 후 깨끗하게 헹군다.

4. 그릇에 소면을 담은 후 육수를 붓고 볶은 채소, 고기, 김을 올린다.

5. 양념장을 만든다.

잡채덮밥

재료 (4인분)

당근 ¼개, 양파 ¼개, 시금치 8포기, 표고버섯 2개, 당면 200g, 볶음용 기름 적당량

양념장

간장 4T, 설탕 2T, 참기름 2T, 다진 마늘 1t, 다진 파 1t, 통깨 1t, 후춧가루 약간

Recipe

1. 당근과 양파, 표고버섯은 채 썰고, 시금치는 낱낱이 뗀다.

2. 당면은 끓는 물에 넣어 7분간 삶는다.

3. 모든 채소는 팬에 기름을 두르고 볶는다.

4. (3)에 삶은 당면과 양념장을 넣고 잘 섞는다.

김치볶음밥

재료 (4인분) 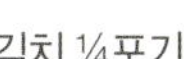

김치 ¼포기
스팸 1캔
양파 ¼개
대파 ½대
청피망 ½개
밥 4공기
버터 1T
김칫국물 적당량

Recipe

1. 김치 속은 털어내고 송송 썬다.

2. 스팸, 양파, 대파, 청피망을 적당한 크기로 썬다.

3. 팬에 기름을 두르고 김치를 볶다가 썰어 놓은 스팸, 양파, 청피망을 함께 볶는다.

4. (3)에 밥과 버터를 넣고 볶다가, 김칫국물로 간을 맞춘다.

만두전골

재료 (4인분)

만두 20개

사골육수(시판용) 4컵

표고버섯 2개

느타리버섯 100g

애호박 ½개

풋고추 1개

홍고추 1개

대파 ½대

양파 ¼개

Recipe

1. 표고버섯은 편 썬다. 느타리버섯은 먹기 좋은 크기로 찢는다. 애호박은 반달 모양으로 썰고, 풋고추, 홍고추는 어슷하게 썬다. 대파는 5cm 길이로 썰어 4등분하고, 양파는 채 썬다.

2. 냄비에 준비한 채소와 만두를 넣은 다음, 육수를 넣고 끓인다.

봉골레파스타

Recipe

1. 끓는 물에 소금, 스파게티를 넣고 9분간 삶는다.

2. 팬에 올리브오일을 두르고 다진 마늘을 볶다가 페페론치노,
   조개를 넣어 볶은 뒤, 화이트와인을 넣고 뚜껑을 덮는다.

3. 조개가 입을 벌리면 삶은 면을 넣고 소금, 후추로 간한다.

4. 그릇에 담은 뒤, 다진 파슬리를 뿌린다.

재료 (4인분)

스파게티 400g
모시조개 1봉
페페론치노 8개
다진 마늘 4T
올리브오일 8T
화이트와인 1컵
소금 약간
후춧가루 약간
생파슬리 적당량

칠리새우

재료 (4인분)

생새우 8마리(밑간-청주,
소금, 후춧가루 적당량)
당근 1/5개
대파 ½개
마늘 3쪽
고추기름 약간

반죽

녹말물
(녹말가루 1 : 물 1)

소스

물 200cc
설탕 100g
케찹 100cc
두반장 5g

Recipe

1. 생새우는 등을 갈라 밑간한 후 마른 밀가루 옷을 입힌 다음 녹말물 반죽을 입혀 튀기고, 당근, 대파, 마늘은 잘게 썰어 준비한다.

2. 팬에 고추기름을 두르고 썰어 놓은 당근, 대파, 마늘을 넣고 볶다가, 소스를 넣고 한소끔 끓인다.

3. 물전분(감자전분 1 : 물 3)을 넣고 농도를 맞춘 후, 튀긴 새우를 넣고 버무린다.

고추잡채

Recipe

1. 피망은 씨와 꼭지를 제거해 채 썰고 양파와 죽순, 표고버섯도 채 썰고, 생강은 곱게 다진다.

2. 팬에 기름을 두르고 다진 생강을 넣어 향을 낸 후 양파, 간장을 넣고 볶다가 남은 재료를 모두 넣고 볶은 후 숨이 죽으면, 굴소스를 넣고 간을 한다.
   * 싱거울 경우 적당량의 소금을 넣어 간을 맞춘다.

3. (2)에 고추기름을 넣어 색깔을 맞추고 참기름을 소량 첨가하여 고소한 향을 낸다.

재료 (4인분)

청피망 2개
홍피망 ½개
양파 ½개
죽순 30g
표고버섯 1장
생강 1쪽
꽃빵 12개
간장 1T
굴소스 2t
참기름 1t

POMODORO RAVI
PENNE ALL'ARRA
TAGLIOLINI AI FUNGHI RAVIOL
NI MELANZANE E POMODORO TAGLIOLINI
GLIOLINI AI FUNGHI RAVIOL

돈가스

Recipe

1. 돼지고기를 잘 펴서 고기망치로 두드린 뒤 소금, 후추로 밑간한다.

2. (1)에 밀가루, 달걀물, 빵가루 순으로 옷을 입힌다.

3. 달군 기름에 (2)를 튀긴다.

4. 그릇에 (3)과 채 썬 양배추(소스는 기호에 맞게)를 담고 돈가스 소스를 뿌린다.

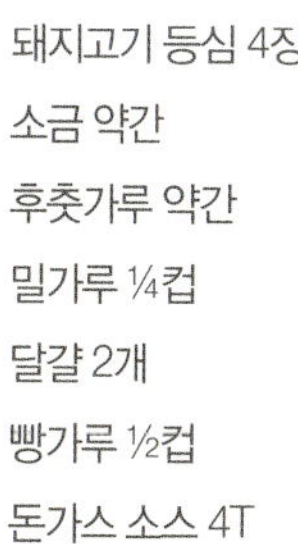

재료 (4인분)

돼지고기 등심 4장
소금 약간
후춧가루 약간
밀가루 ¼컵
달걀 2개
빵가루 ½컵
돈가스 소스 4T
양배추 4장

갈비찜

재료 (4인분)

소갈비 600g, 당근 1/6개, 무 10cm, 은행 20알, 다시마육수 1컵

양념장

진간장 5T, 다진 마늘 1T, 다진 생강 1t, 배즙 4T, 양파즙 2T,
참기름 1T, 후춧가루 약간, 설탕 2T, 꿀 1T

Recipe 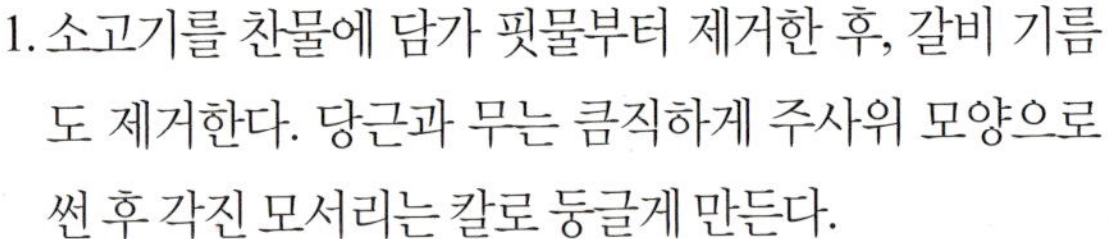

1. 소고기를 찬물에 담가 핏물부터 제거한 후, 갈비 기름도 제거한다. 당근과 무는 큼직하게 주사위 모양으로 썬 후 각진 모서리는 칼로 둥글게 만든다.

2. 끓는 물에 소고기를 넣고 데친다.

3. 데친 소고기에 칼집을 낸다.

4. 냄비에 (3)과 육수, 양념장, 그리고 손질해 놓은 당근, 무, 은행을 넣고 끓인다.

얼갈이김치

Recipe

1. 얼갈이배추는 깨끗이 씻어 2cm 폭으로 썬다.

2. 양념장을 만든다.

3. (1)에 (2)를 넣고 버무린다.

재료 (4인분)

얼갈이배추 4포기

양념장

고춧가루 2T
식초 2T
설탕 2T
멸치액젓 2T
통깨 1t

칠리소스치킨구이

Recipe

1. 닭다리살을 허브솔트로 밑간한다.

2. 팬에 기름을 두르고 (1)을 익힌다.

3. 소스를 만든다.

4. 그릇에 구운 닭다리살을 담은 후, 소스를 올린다.

재료 (4인분)

닭다리살 500g

허브솔트 적당량

소스

고추장 1T

케첩 2T

다진 토마토 1개

다진 양파 ¼개

마파연두부덮밥

재료 (4인분)

연두부 1모, 양파 ½개, 대파 ¼대, 마늘 2쪽, 고춧가루 1T, 식용유 2T,
고추장 3T, 올리고당 1t, 밥, 후춧가루 약간, 통깨 약간

Recipe

1. 양파, 대파, 마늘을 곱게 다진다.

2. 팬에 기름을 두른 후 양파, 대파, 마늘, 고춧가루를 넣고 볶는다.

3. 향이 나면 고추장, 올리고당을 넣는다.

4. (3)에 연두부를 넣고 끓인다.

5. 연두부에 맛이 배면 후추와 통깨를 넣는다.

석쇠불고기덮밥

Recipe

1. 소고기의 핏물을 제거한다.

2. 양념장을 만든다.

3. 고기를 양념장에 재둔다.

4. 양념한 불고기에서 양념만 따로 끓인다.

5. 달군 팬에 고기를 반 정도 익힌다.

6. (5)를 석쇠로 옮겨 불맛이 나도록 익힌다.

7. 베이비채소는 깨끗이 씻은 후, 물기를 뺀다.

8. 그릇에 밥을 담은 후, 구운 고기와 채소를 올리고
   조린 양념장과 통깨를 뿌린다.

재료 (4인분)

소고기(불고기용) 500g
베이비채소 적당량

양념장

간장 3T
설탕 1T
다진 마늘 1t
참기름 1t
후춧가루 약간

Chef PAPA's

COOKING STORY

Part 02

—

간식 & 디저트

Dessert

온가족이 가볍게 즐길 수 있는
메뉴를 소개합니다.

궁중떡볶이

재료 (4인분) 

가래떡 4줄

소고기(잡채용) 300g

표고버섯 2개

당근 ¼개

양파 ½개

청피망 ½개

가래떡 양념장

간장 1T

참기름 1T

소고기·표고버섯 양념장

간장 2T

청주 1T

설탕 2t

참기름 1t

다진 마늘 ½t

후춧가루 약간

통깨 약간

Recipe 

1. 가래떡을 먹기 좋은 크기로 자른 후 밑간한다.

2. 표고버섯, 당근, 양파, 청피망을 채 썬다.

3. 핏물을 뺀 소고기에 밑간 하면서 표고버섯도 같 은 양념으로 밑간한다.

4. 달군 팬에 기름을 두른 다음 당근, 양파, 청피망, 소금(약간)을 넣고 볶는다.

5. 양념한 소고기와 표고버섯을 각각 볶는다.

6. 팬에 (1)과 (4), (5)를 모두 넣은 후, 남은 양념장을 넣어 볶는다.

즉석떡볶이

재료 (4인분)

가래떡 4줄
어묵 4장
양배추 4장
깻잎 10장
대파 1대
라면사리 1개
달걀 4개
육수(멸치 다시마) 4컵

양념장

고추장 3T
고춧가루 2T
진간장 ½T
올리고당 2T
청주 1T
다진 마늘 ½T
후춧가루 약간

Recipe 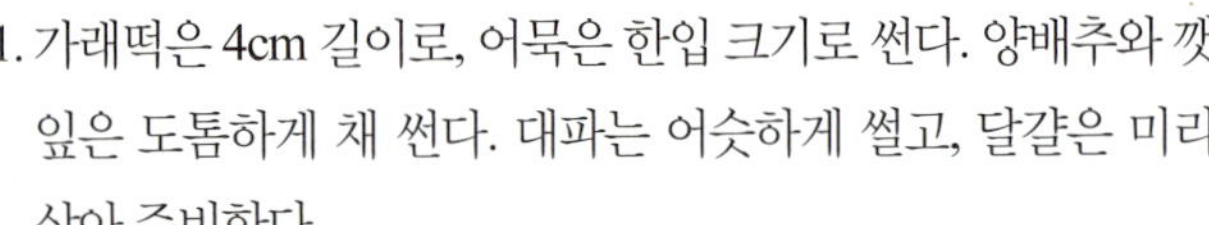

1. 가래떡은 4cm 길이로, 어묵은 한입 크기로 썬다. 양배추와 깻잎은 도톰하게 채 썬다. 대파는 어슷하게 썰고, 달걀은 미리 삶아 준비한다.

2. 양념장은 골고루 섞어 준비한다.

3. 냄비에 가래떡, 어묵, 양배추, 라면사리, 삶은 달걀과 깻잎, 대파를 넣은 다음 육수와 양념장을 넣고 끓인다.

삼각스팸주먹밥

재료 (4인분)

스팸 ½캔
당근 ¼개
양파 ½개
청피망 ½개
밥 4공기
참기름 1T
소금 약간
깨소금 1T
김 2장

Recipe

1. 스팸, 당근, 양파, 청피망을 잘게 다진다.

2. 달군 팬에 (1)을 넣고 볶는다.

3. 볼에 따뜻한 밥을 넣고 참기름, 소금, 깨소금으로 밑간한다.

4. (3)에 (2)를 넣어 잘 섞어준다.

5. 삼각틀에 (4)를 넣는다.

6. (5)에 자른 김을 싸준다.

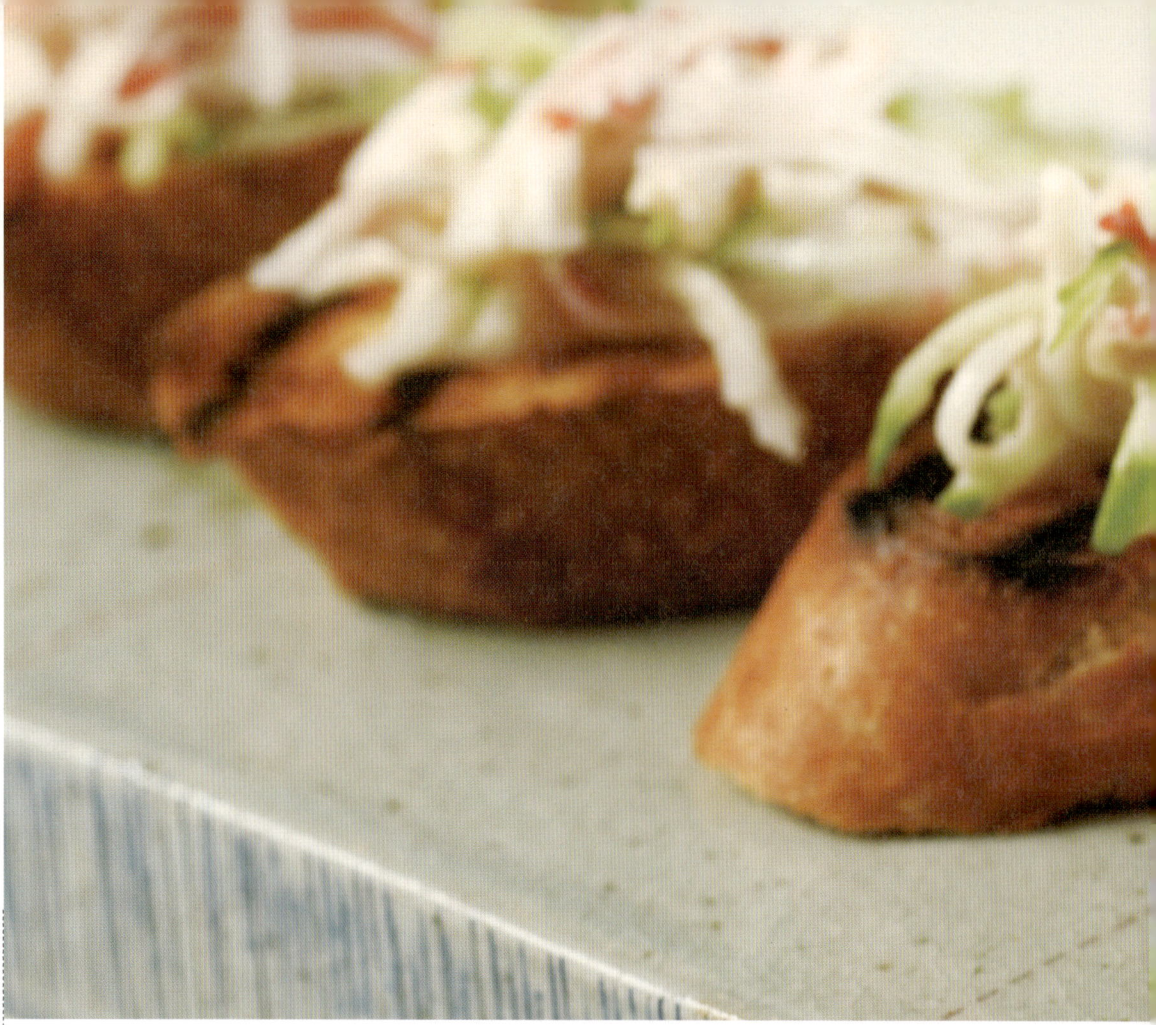

게살카나페

재료 (4인분)

크래미 8개
오이 ¼개
마요네즈 2T
식초 1t
간장 1t
후춧가루 약간
바게트 1개

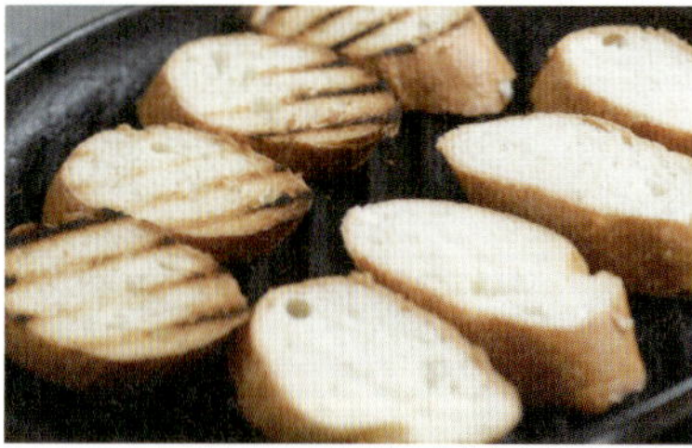

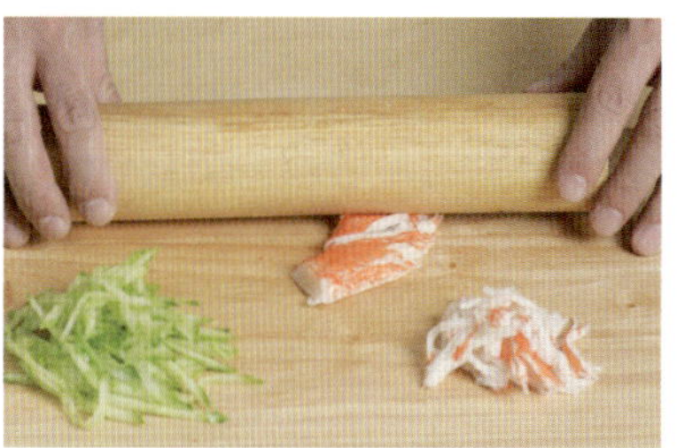

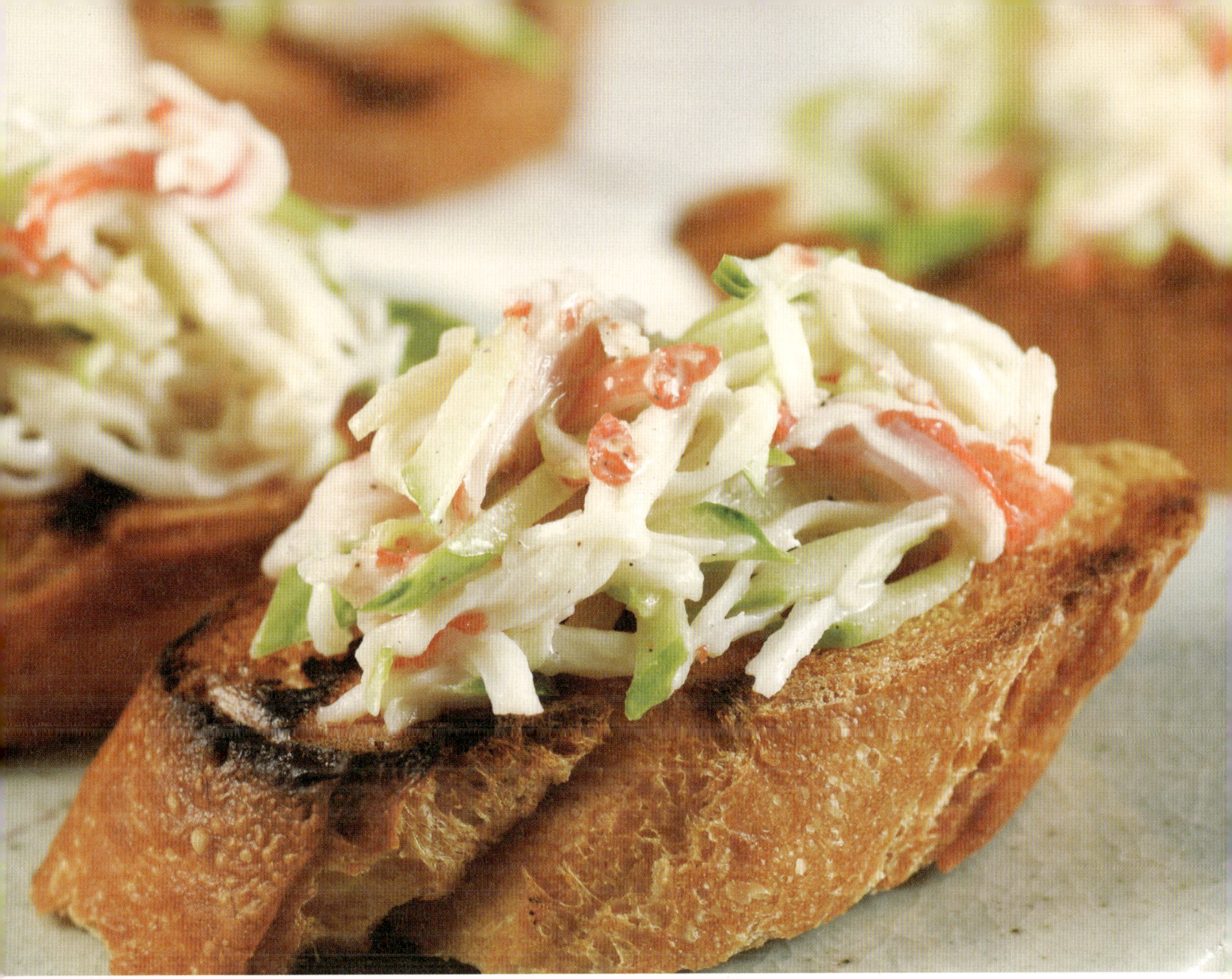

Recipe

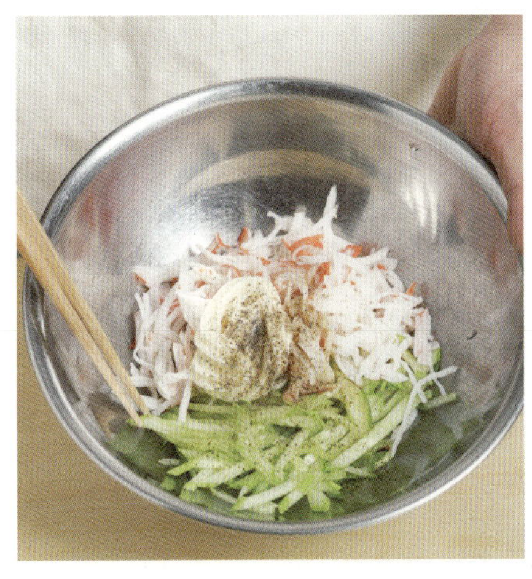

1. 바게트는 도톰하게 썰어 팬에 노릇하게 굽는다.
2. 크래미는 밀대로 밀어 잘게 찢고, 오이는 곱게 채 썬다.
3. 크래미와 오이, 마요네즈, 식초, 간장, 후추를 넣고 가볍게 버무린다.
4. 바게트 위에 (3)을 올린다.

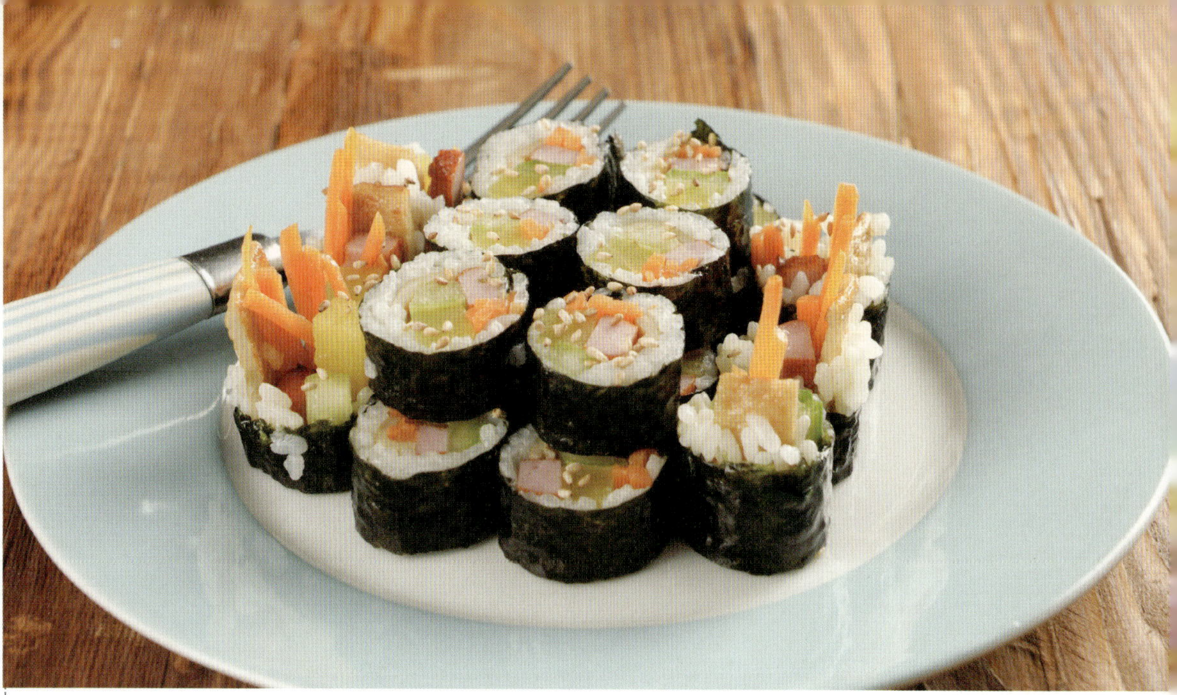

꼬마김밥

김밥용 구운김 4장
김밥용 단무지 4줄
김밥용 햄 4줄
당근 1개
판어묵 4장
오이 1개
밥 4공기
참기름 4T
소금 약간
볶음용 기름 적당량

Recipe

1. 구운김을 4등분으로 잘라 준비한다. 밥은 소금과 참기름으로 밑간한다.

2. 당근은 채 썰고, 판어묵은 도톰하게 썬다. 오이는 햄과 같은 크기로 썬다.

3. 달군 팬에 기름을 약간 두른 후 햄, 당근, 오이, 어묵을 볶은 후 식힌다.

4. 김발에 김을 깔고 준비한 재료를 넣고 말아 준다.

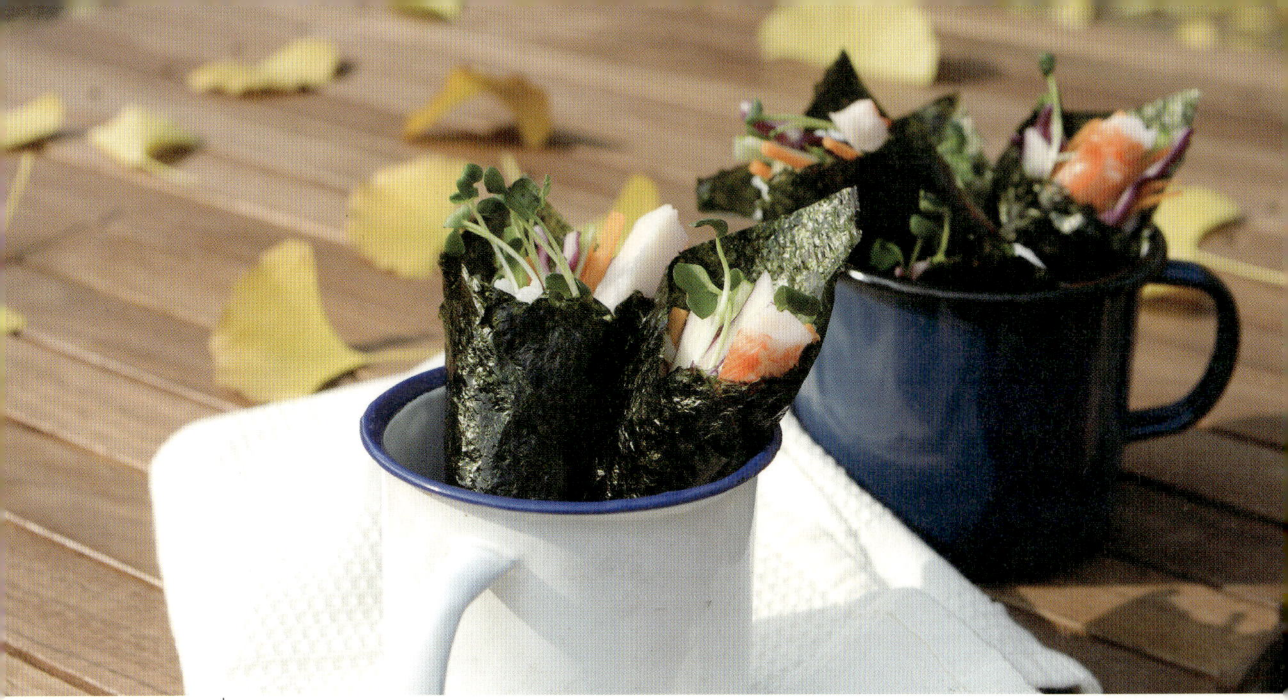

마끼

Recipe

1. 김은 반으로 자르고 크래미는 3등분한다. 오이, 당근, 적채는 곱게 채 썬다.

2. 밥에 소금을 넣어 밑간한다.

3. 김에 밥을 1/3 정도 깔고 썰어둔 크래미, 오이, 당근, 적채, 무순을 넣은 다음 고깔 모양으로 말아 준다.

재료 (4인분)

김 6장
크래미 4개
오이 ½개
당근 ½개
적채 3장
무순 적당량
밥 2공기
소금 약간

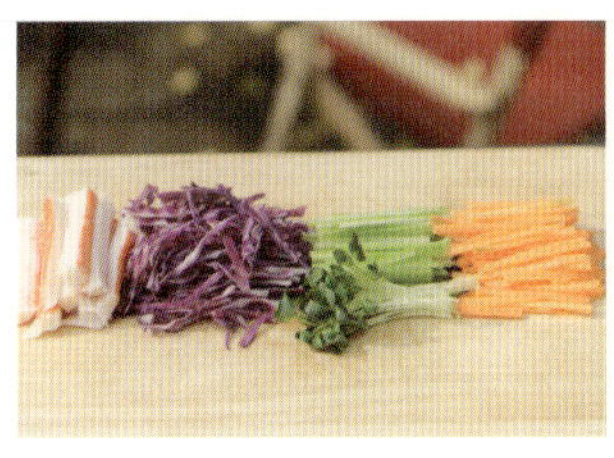

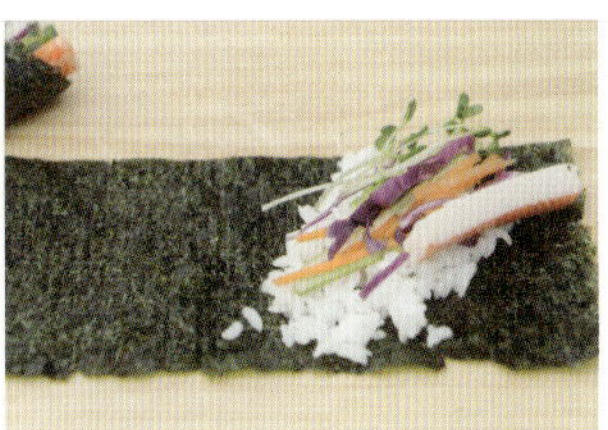

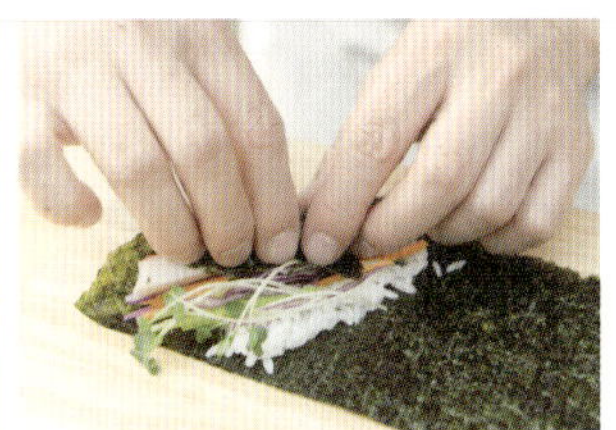

동그랑땡

재료 (4인분)

소고기 다진 것 200g
돼지고기 다진 것 200g
두부 1모
풋고추 1개
홍고추 1개
양파 ¼개
대파 1대
부침가루 1컵
달걀 2개

고기 밑간

다진 마늘 1T
청주 1T
참기름 1T
후춧가루 약간

양념장

간장 1T
참기름 1T
다진 마늘 ½T
다진 생강 1t
소금 약간
후춧가루 약간
부침용 기름 적당량

Recipe

1. 다진 소고기와 돼지고기를 밑간한다.

2. 두부를 으깬 후 물기를 잘 빼준다.

3. 풋고추, 홍고추, 양파, 대파를 곱게 다진다.

4. 볼에 (1), (2), (3)과 양념장을 넣고 섞은 다음 충분히
   끈기가 나도록 치댄다.

5. 동그랗게 모양을 잡은 후, 부침가루와 달걀물을 묻힌
   다음 팬에서 기름을 두르고 부친다.

동태전 & 육전

재료 (4인분)

냉동동태(전감) 300g
소고기 채끝살
(전용으로 얇게 썰린 것) 300g
부침가루 1컵
달걀 2개
소금 약간

소고기 양념장

간장 1t
참기름 1t
다진 마늘 ½t
설탕 약간
후춧가루 약간
부침용 기름 약간

Recipe

1. 동태는 되도록 자연해동시킨 후 청주, 후추, 소금으로 밑 간한다. 키친타월에 올려 물기를 제거한다.

2. 소고기에 양념장으로 밑간한다.

3. 달군 팬에 기름을 두른 후 (1), (2)를 부침가루와 달걀물을 차례로 입혀 앞뒤로 노릇하게 익힌다.

스프링롤

Recipe

1. 모든 채소는 깨끗이 씻어 채 썬다.

2. 크래미는 손으로 굵게 찢어 준비한다.

3. 땅콩버터와 사이다를 고루 섞어 소스를 만든다.

4. 월남쌈을 따뜻한 물에 불린 다음 원하는 재료를 골고루 넣어 양쪽을 접고 돌돌 말아 롤을 만든다.

재료 (4인분)

양상추 16장
오이 1개
깻잎 16장
빨강 노랑 파프리카 1개씩
크래미 16개
월남쌈 20장

땅콩버터 소스

땅콩버터 4T
사이다 5T

샌드위치

재료 (4인분)

식빵 8장
슬라이스 햄 4장
토마토 2개
양상추 4장
오이 1개
슬라이스 치즈 4장
홍피망 1개

소스

마요네즈 4T
케찹 4T

Recipe

1. 팬에 식빵을 굽는다.

2. 슬라이스 햄을 팬에 굽고, 토마토는 도톰하게 썬다.
   오이는 어슷하게 썰고, 홍피망은 슬라이스한다.

3. 양상추는 깨끗이 씻어 물기를 뺀다.

4. 구운 식빵에 마요네즈와 케찹을 섞어 바른 후 토마토,
   슬라이스 햄, 양상추, 오이, 슬라이스 치즈, 홍피망를 올린다.

미니햄버거

재료 (4인분)

다진 소고기 600g
슬라이스 치즈 4장
양상추 8장
토마토 4개
미니햄버거 빵 4개

소고기 양념

소금 약간
후춧가루 약간
다진 마늘 1t

데리야끼 소스

간장 4T
설탕 4T
전분물 2T

Recipe 

1. 다진 소고기는 양념을 넣고 골고루 섞어 준 후 8등분 해서 패티를 만들고 달군 팬에 굽는다.

2. (1) 위에 슬라이스 치즈를 올리고 뚜껑을 덮어 녹인다.

3. 양상추는 깨끗이 씻어 물기를 빼고, 토마토는 도톰하게 슬라이스한 다음 키친타월로 물기를 뺀다.
   미니햄버거 빵은 마른 팬에 올려 굽는다.

4. 냄비에 넣은 데리야끼 소스는 약한 불에서 끓이되, 끓기 시작하면 전분물을 넣고 농도 있게 졸인다.

5. 구운 빵 위에 (2)의 고기와 치즈를 올리고 소스를 뿌린 후 토마토, 양상추를 올리고 다시 한 번 소스를 뿌리고 마지막으로 뚜껑을 덮어 꼬치로 고정한다.

비빔면

재료 (4인분)

국수(기호에 맞게 소면이나 중면 중 선택) 350g
상추 4장, 깻잎 8장, 오이 1개, 당근 ½개,
대파 ½대, 달걀 2개

양념장

고추장 4T, 고춧가루 2T, 식초 2T,
설탕 2T, 참기름 2t, 통깨 2T

Recipe

1. 상추, 깻잎, 오이, 당근, 대파는 같은 크기로 채 썰고 달걀은 따로 삶는다.

2. 썰어 놓은 대파는 찬물에 담가 매운맛을 제거한 다음 물기를 빼서 준비한다.

3. 국수를 삶은 후 바로 얼음물에 넣고 미끄럽지 않을 때까지 헹군 후, 체에 넣어 물기를 뺀다.

4. 볼에 국수를 넣고 양념장과 상추, 깻잎을 넣어 살살 버무린다.

5. 버무린 국수를 그릇에 담고 채 썬 오이, 당근, 대파와 삶은 달걀을 고명으로 얹는다.

미니핫도그 

재료 (4인분) 

핫케이크가루 2컵
우유 1/3컵
달걀 2개
비엔나소시지 20개
빵가루 4T
나무꼬치 20개
튀김용 기름 적당량

Recipe

1. 핫케이크가루와 달걀, 우유를 되직하게
   섞어 반죽을 만든다.
   반죽 농도는 우유로 조절한다.

2. 끓는 물에 소시지를 데친다.

3. 나무젓가락에 소시지를 꽂는다.

4. (3)에 (1)의 반죽을 묻혀 기름에 튀긴다.

5. (4)에 반죽과 빵가루를 묻힌 후 기름에
   다시 튀긴다.

치킨너겟

재료 (4인분)

닭고기(가슴살 혹은
안심살) 500g
양파 ½개
다진 마늘 1t
빵가루 8T
소금 약간
후춧가루 약간
튀김가루 ½컵
달걀 2개
빵가루 ½컵

허니머스터드 드레싱

꿀 2T
프렌치머스터드 2T
마요네즈 2T

Recipe

1. 닭가슴살(혹은 닭안심살)과 양파를 믹서에 넣고 곱게 간다.

2. (1)에 다진 마늘, 빵가루, 소금, 후추를 넣고 골고루 섞은 후 한입 크기로 모양을 만든다.

3. (2)에 튀김가루, 달걀물, 빵가루 순으로 옷을 입힌다.

4. 튀김용 팬에 기름을 넣은 후 튀긴다.

5. 머스터드, 꿀, 마요네즈를 골고루 섞어 드레싱을 곁들인다.

감자크로켓 

재료 (4인분)

감자 2~3개
밀가루 ¼컵
달걀 1개
빵가루 ½컵

다진 소고기 볶음

다진 소고기 100g, 다진 마늘 ½t, 간장 1t,
후춧가루 약간, 튀김용 기름 적당량

Recipe 

1. 감자는 깨끗이 씻어 껍질을 벗긴 다음
   깍둑썰기한다. 냄비에 물을 자작하게
   넣고 소금도 약간 넣어 삶는다.

2. 달군 팬에 소고기와 다진 마늘을 넣고
   볶다가 재료가 익으면 간장, 후추를
   넣어 볶는다.

3. 감자를 으깬 다음 (2)의 다진 소고기를
   넣고 동그랗게 빚어 모양을 만든다.

4. (3)에 밀가루, 달걀물, 빵가루 순으로
   묻힌 후 튀김용 기름을 넣은 냄비에
   넣고, 바삭하게 튀긴다.

도넛

재료 (4인분) 

도넛가루(시판용) 1컵
우유 2·½T
설탕 ½컵
달걀 2개

Recipe 

1. 달걀을 푼 다음 설탕을 넣고 거품기로 젓는다.

2. 볼에 도넛가루, (1), 우유를 넣고 섞는다.

3. 반죽을 숙성시킨 후, 알맞은 두께(1cm 내외)로 민다.

4. (3)를 도넛 틀을 이용해 모양을 만든 다음 기름에 튀긴다.

5. 도넛에 적당량의 설탕을 묻힌다.

새우 & 오징어튀김

재료 (4인분)

칵테일새우 200g
오징어 1개
청주 2T
후춧가루 약간
소금 약간
튀김가루 ½컵
달걀 2개
빵가루 1컵
튀김용 기름 적당량

Recipe

1. 새우는 이쑤시게를 이용해 내장을 제기
   하고, 오징어는 내장을 제거한 후 몸통
   은 링 모양으로, 다리는 낱개로 자른 후
   깨끗이 씻는다.

2. 새우와 오징어는 청주, 후추, 소금을 뿌
   려 밑간한다.

3. (2)의 새우와 오징어에 마른 튀김가루,
   달걀물, 빵가루를 입힌다.

4. 튀김용 기름을 넣고 온도가 오르면, (3)
   을 넣고 바삭하게 튀긴다.

굴 & 어니언튀김

재료 (4인분)

굴 200g, 양파 1개, 튀김가루 ½컵,
달걀 2개, 빵가루 1컵, 크래커 1봉,
튀김용 기름 적당량, 청주 1t,
레몬즙 1t, 후춧가루 약간

타르타르 소스

마요네즈 4T
식초 1T
다진 양파 2T
후춧가루 약간

Recipe

1. 굴을 채에 받치고 흐르는 물에 씻는다.

2. 물기를 제거한 굴을 청주, 레몬즙, 후추로 밑간한다.

3. 양파는 둥근 모양을 살려 썬다.

4. 크래커를 잘게 부순 다음 빵가루와 골고루 섞는다.

5. 준비한 굴과 양파를 튀김가루, 달걀물, 빵가루의 순으로 묻힌 후 기름에 튀긴다.

6. 타르타르 소스를 곁들인다.

떠먹는 피자

재료 (4인분) 

토르티야 1장
감자 3개
베이컨 3장
양송이버섯 4개
피망 ½개
토마토파스타 소스 ½컵
슬라이스 치즈 2장
모짜렐라 치즈 1컵

Recipe 

1. 감자를 깨끗하게 씻은 후 껍질을 벗기고 적당한 크기로 자른다.

2. 감자를 랩에 씌워 진자레인지에 넣고 5분 정도 익힌다.

3. 익힌 감자에 소금을 뿌려 팬에 굽는다.

4. 베이컨, 양송이, 피망도 도톰하게 슬라이스한 후 팬에 구워 준비한다.

5. 그릇에 토르티야를 깔고 토마토파스타 소스를 바른 다음 모짜렐라 치즈를 얹고, 그 위에 구운 감자, 베이컨, 양송이, 피망을 얹는다.

6. (5)에 슬라이스 치즈와 모짜렐라 치즈를 얹고 180도로 예열한 오븐에 20분 동안 굽는다.

짜장면

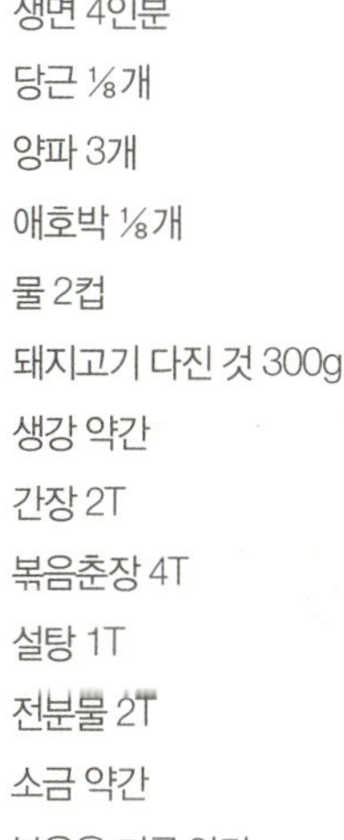

재료 (4인분)

생면 4인분
당근 ⅛개
양파 3개
애호박 ⅛개
물 2컵
돼지고기 다진 것 300g
생강 약간
간장 2T
볶음춘장 4T
설탕 1T
전분물 2T
소금 약간
볶음용 기름 약간

Recipe

1. 물 1컵에, 양파 ¼개, 당근 ⅛개, 애호박 ⅛개를 넣고 믹서기로 곱게 간다.

2. 남은 양파는 굵게 다지고, 생강은 강판에 간다.

3. 팬에 기름을 두르고 다진 돼지고기를 볶은 후 돼지고기가 다 익으면 다진 생강, 간장을 넣고 볶은 다음 다진 양파를 넣어 양파향이 나도록 오래 볶는다.

4. 양파가 투명해지면 (1)을 넣고 끓이다 끓기 시작하면 춘장과 설탕을 넣고 볶는다.

5. 충분히 볶아지면 소금 간을 한 후 전분물을 풀어 마무리한다.

6. 생면은 미리 삶아 물기를 빼 그릇에 담고 그 위에 볶은 짜장을 얹는다.

해물야끼우동

재료 (4인분)

칵테일 새우 12마리, 오징어 1마리, 홍합 20g,
베이컨 4줄, 숙주 200g, 양파 ½개,
양배추잎 4장, 표고버섯 2개, 우동면 4개

양념장

굴소스 6T, 참기름 2T, 청주 2T,
후춧가루 약간, 고추기름 4T, 다진 마늘 1t

Recipe

1. 끓는 물에 우동을 삶는다. 오징어는 내장을 제거하고 깨끗이 씻어 채 썬다.
   베이컨은 도톰하게 썰고, 숙주는 다듬고, 양파와 양배추는 도톰하게 채 썬다.
   표고버섯도 슬라이스한다.

2. 팬에 고추기름을 두르고 다진 마늘, 베이컨을 넣고 볶는다.

3. 손질한 새우, 오징어, 홍합을 넣고 볶다가 청주를 넣어 잡내를 제거한다.

4. 썰어 놓은 채소를 함께 볶다가, 숙주와 굴소스, 소금, 후추를 넣는다.

5. (4)에 삶은 우동을 넣고 볶다가 참기름으로 마무리한다.

바나나코코아푸딩

재료 (4인분) 

바나나 3개
우유 ¼컵
코코아가루 2T

Recipe

1. 믹서에 껍질을 벗긴 바나나 2개, 우유, 코코아
   가루를 넣고 곱게 간다.

2. 바나나 1개는 껍질을 벗겨 0.5cm 두께로 슬라
   이스 한다.

3. 그릇에 (1)을 먼저 넣고 (2)를 위에 얹어 완성
   한다.

딸기요거트스무디

재료 (4인분) 

우유 2컵
플레인요거트 2컵
냉동딸기 4컵

Recipe

1. 분량의 재료를 모두 믹서에 넣고 간다.

 Chef PAPA

기호에 맞게 다양한 과일을 사용해도 좋다.

초콜릿바나나스틱

재료 (4인분)

초콜릿 100g
바나나 4개
견과류 약간

Recipe 

1. 바나나는 껍질을 벗기고 꼬치에 꽂은 후, 냉동실에 넣어 차갑게 보관한다.

2. 초콜릿은 중탕으로 녹인다.

3. (1)의 바나나의 (2)의 초콜릿을 입힌다.

4. (3)에 견과류를 뿌린다.

고구마무스케이크

재료 (4인분)

고구마 2개
우유 ¼컵
시판용 머핀 2개
시럽(설탕 ½컵, 뜨거운 물 ¼컵)
호두 4알

Recipe

1. 고구마는 깨끗이 씻어 껍질을 벗긴 후 썬다.

2. 전자레인지에 고구마를 넣고 10분 정도 익힌 다음 으깬다.

3. (2)의 고구마에 우유를 넣어 골고루 섞는다.

4. 머핀은 1cm 두께로 그릇 사이즈에 맞춰 자른다.

5. 그릇에 머핀을 넣고 전체적으로 시럽을 촉촉하게 적신 후 그 위에 (3)을 1cm 두께로 얹고 이 과정을 한 번 더 반복한 후 호두를 얹어 완성한다.

Chef PAPA

고구마 대신 단호박을 사용해도 좋다.

Chef PAPA's

COOKING STORY

—

캠핑요리

Camping

여행의 기쁨을 두 배로 즐길 수 있는
메뉴를 소개합니다.

모듬바비큐

재료 (4인분)

소고기(등심) 2조각
돼지고기(삼겹살) 200g
대하 20마리
오징어 1마리
석굴 12개
소시지 8개
마늘 8알
가지 1개
마디호박 1개
당근 ¼개
양파 ½개
새송이버섯 1개
빨강 노랑 파프리카 ½개씩
파인애플 적당량

Recipe

1. 해산물은 깨끗이 손질하고, 채소는 1cm 폭으로 어슷하게 썬다.

2. 손질한 재료를 불판 위에 올려 굽는다.

홍합찜

재료 (4인분)

홍합 500g
양파 ¼개
빨강 노랑 파프리카 ¼개씩
샐러리 1대
방울토마토 10알
올리브유 4T
화이트와인 1컵
다진 마늘 1T
페페론치노 5개
생바질잎 1컵
파슬리 가루 약간
후춧가루 약간

Recipe

1. 홍합을 깨끗하게 손질한다. 양파, 빨강 노랑 파프리카는 0.5×0.5cm 크기로 썬다. 샐러리는 어슷 썬다. 방울토마토는 깨끗이 씻어 꼭지를 떼고 반으로 자른다.

2. 냄비에 올리브유를 두르고 다진 마늘과 페페론치노, 양파, 파프리카, 샐러리, 후추를 넣고 볶다가, 홍합을 넣어 섞은 후 반을 자른 방울토마토, 화이트와인을 넣고 뚜껑을 덮어 익힌다.

3. 홍합이 입을 벌리면 생바질을 넣어 섞은 후, 그릇에 담는다.

4. 완성된 (3)에 파슬리가루를 뿌린다.

닭갈비

재료 (4인분)

닭(볶음용) 한 마리, 양배추잎 4장, 고구마 1개, 가래떡 1줄, 팽이버섯 50g, 대파 ½대, 깻잎 4장, 식용유 약간

양념장

고추장 4T, 고춧가루 2T, 다진 마늘 1T, 다진 생강 1t, 간장 1T, 올리고당 1T, 설탕 1T, 매실청 1T, 청주 1T, 양파즙 2T, 후춧가루 약간

Recipe

1. 닭고기를 물에 담가서 핏물을 뺀다.

2. 모든 채소는 먹기 좋은 크기로 썬다.

3. 팬에 기름을 살짝 두르고 준비한 닭고기, 채소, 양념장을 모두 함께 넣고 볶는다.

바비큐 폭립

재료 (4인분)

돼지등갈비 2kg

향신 재료

대파 ½대
양파 ¼개
마늘 4알
청주 ½컵
인스턴트커피 1t
통후추 20알

양념장

바비큐 소스 ½컵
케첩 ½컵

Recipe

1. 돼지등갈비를 2시간 이상 찬물에 담가 핏물을 뺀다.

2. 냄비에 찬물, 대파, 양파, 마늘, 청주, 인스턴트커피, 통후추를 함께 넣고 고기를 삶는다.

3. (2)의 삶은 고기의 물기를 뺀다.

4. 불판에 (3)을 굽는다.

5. 양념장을 만든다.

6. (4)에 (5)를 골고루 여러 번 바르면서 굽는다.

모둠꼬치볶음밥

꼬치재료 (4인분)

닭고기(다리 부분) 500g, 양송이버섯 8개, 빨강 노랑 파프리카 ½개씩, 대파 ¼대, 은행 8알

볶음밥 재료

바비큐소시지 4개, 당근 ¼개, 청피망 ½개, 굴소스 4t, 밥 4공기

Recipe

1. 닭고기를 청주, 소금, 후추로 밑간한다.

2. 기호에 따라 다양한 꼬치를 만들어 굽는다.

3. 볶음밥을 만든다.

4. 그릇에 볶음밥과 구운 꼬치를 올린다.

오삼불고기

재료 (4인분)

돼지고기(삼겹살) 600g, 오징어 1마리, 청주 2T, 소금 약간, 후춧가루 약간,
대파 1대, 양파 ½개, 홍고추 1개, 풋고추 1개, 당근 ¼개

양념장

고추장 3T, 고춧가루 2T, 간장 1T, 청주 1T, 설탕 1T, 올리고당 1T, 다진 마늘 1T,
매실청 ½T, 다진생강 1T, 참기름 ½T, 통깨 1T, 후춧가루 약간

Recipe

1. 삼겹살과 오징어를 청주, 후추, 소금으로 밑간한다. 대파, 양파, 홍
   고추, 풋고추, 당근은 어슷 썰어 준비한다.

2. 양념장을 만든다.

3. 밑간 한 삼겹살과 오징어에 양념장을 조금 넣고 버무린다.

4. 달군 팬에 (3)을 넣고 볶다가 썰어 놓은 대파, 양파, 홍고추, 풋고추,
   당근과 함께 볶는다.

돼지고기김치찌개

재료 (4인분)

돼지고기(삼겹살) 200g
청주 1T
다진 마늘 1T
고춧가루 1T
후춧가루 약간
김치 ¼포기
참기름 1T
설탕 1T
대파 ½대
양파 ½개
홍고추 1개
풋고추 1개
두부 1모
김칫국물 1컵
육수(멸치 다시마) 3컵

Recipe

1. 돼지고기를 먹기 좋은 크기로 썬 후 청주, 다진 마늘, 고춧가루, 후추로 밑간한다.

2. 김치는 속을 털고서 알맞은 크기로 썬다. 참기름, 설탕을 조금 넣어 김치도 밑간한다.

3. 양파는 도톰하게 채 썰고 대파, 홍고추, 풋고추는 어슷 썰어 준비한다. 두부는 큼직하게 썬다.

4. 냄비에 기름을 두르고 밑간한 돼지고기를 볶다가, 고기가 살짝 익으면 양념한 김치와 썰어 놓은 양파를 함께 넣고 볶는다.

5. (4)에 육수를 넣고 끓이다가, 김칫국물(간 조절)과 두부, 대파, 홍고추, 풋고추를 넣고 더 끓인다.

LA갈비양념구이

재료 (4인분)

LA갈비 1.5kg, 로즈마리 6줄

양념장

간장 5T, 양파즙 2T, 배즙 2T, 사과즙 2T, 다진 마늘 2T, 다진 생강 1t, 청주 2T, 올리고당 2T, 참기름 1 ½T, 후춧가루 약간

Recipe

1. LA갈비를 물로 살짝 씻은 후, 물기와 핏물을 제거한다.

2. 양념장을 만든다.

3. (1)에 (2)를 넣고 버무린 후, 로즈마리를 올리고 1~2시간 이상 숙성시킨다.

4. 불판에 (3)을 굽는다.

가리비구이 

재료 (4인분)

가리비 20개, 청주 1T, 소금 약간, 후춧가루 약간, 청피망 ½개, 빨강 노랑 파프리카 ¼개씩, 양파 ¼개

양념장

초고추장 5T, 다진 마늘 1T, 다진 생강 1t, 참기름 ½T

Recipe 

1. 가리비를 소금물에 담가 해감시킨 후, 깨끗이 씻는다.

2. 한쪽 껍질을 떼어낸 후 청주, 소금, 후추로 밑간한다.

3. 양파, 파프리카, 청피망을 곱게 다져 준비한다.

4. (2)에 (3)과 양념장을 올리고 굽는다.

차돌된장찌개

재료 (4인분)

차돌박이 400g
두부 1모
애호박 1/3개
양파 1개
홍고추 1개
풋고추 1개
대파 ½대
팽이버섯 100g
육수(멸치 다시마) 5컵
된장 4T

차돌박이 밑간

다진 마늘 1t
고춧가루 약간

Recipe

1. 차돌박이 고기를 키친타월에 놓고 눌러주면서 핏물을 제거한 후, 다진 마늘과 고춧가루로 밑간을 한다.

2. 깨끗이 씻은 애호박은 반달 모양으로 썰고, 홍고추와 풋고추, 내파는 송송 썰고, 두부와 양파는 주사위 모양으로 썰고, 팽이버섯은 밑둥을 제거한다.

3. 냄비에 육수가 끓으면 된장을 푼다.

4. (3)에 애호박, 양파를 먼저 넣고 끓인 후 두부, 홍고추, 풋고추도 넣고 끓인다.

5. (4)에 차돌박이와 팽이버섯, 대파를 넣고 한소끔 더 끓인다.

매콤훈제오리볶음

재료 (4인분)

훈제오리(시판용) 1팩, 당근 1/3개, 양파 1개, 대파 1개, 홍고추 1개,
풋고추 1개, 느타리버섯 100g, 통깨 약간

양념장

고추장 3T, 고춧가루 2T, 간장 1T, 올리고당 2I, 청수 1T, 다신 마늘 1T,
다진 생강 1t, 참기름 ½T, 후춧가루 약간

Recipe

1. 깨끗이 씻은 당근과 홍고추, 풋고추는 어슷 썰고 대파는 4cm
   길이로 썰고 느타리버섯은 가닥으로 뜯는다.

2. 양념장 재료를 모두 섞어 양념장을 만든다.

3. 볼에 훈제오리를 담고, 양념장을 넣어 버무린다.

4. 달군 팬에 기름을 두르고 준비한 당근, 양파를 넣고 볶다가 양
   념한 오리고기를 넣고 함께 볶는다.

5. (4)에 홍고추, 풋고추, 느타리버섯, 대파를 넣고 볶은 후 통깨
   를 뿌린다.

바지락칼국수

재료 (4인분)

바지락 2봉

칼국수 4인분

홍고추 1개, 풋고추 1개,

애호박 1/3개

당근 1/3개

양파 ½개

대파 ½대

표고버섯 2개

다진 마늘 1T

국간장 2T

육수(멸치 다시마) 6컵

Recipe

1. 깨끗이 씻은 애호박과 당근은 반달모양으로 자르고, 대파는 어슷 썰고, 양파는 채 썰고, 표고버섯은 슬라이스하고, 홍고추와 풋고추는 송송 썬다.

2. 냄비에 멸치다시마육수와 바지락을 넣고 끓인다.

3. (2)에 칼국수면을 넣고 끓인다.

4. (3)에 (1)을 넣고 끓이다가, 다진 마늘과 국간장을 넣고 간한다.

콩나물국밥

재료 (4인분)

- 콩나물 300g
- 대파 ½대
- 양파 ½개
- 홍고추 1개, 풋고추 1개
- 달걀 4개
- 육수(멸치 다시마) 4컵
- 다진 마늘 1t
- 소금 약간
- 깨소금 1t
- 참기름 1T

Recipe

1. 콩나물은 깨끗이 다듬고, 대파는 송송 썰고, 양파는 채 썬다. 홍고추, 풋고추도 송송 썬다. 멸치 다시마 육수를 만든다.

2. 육수에 콩나물을 넣고 끓인다.

3. 삶은 콩나물은 건져 다진 마늘, 소금, 깨소금, 참기름으로 밑간하고, 국물은 그대로 남긴다.

4. 뚝배기 그릇에 밥을 넣고 육수, 양념한 콩나물, 채 썬 채소(대파, 양파, 홍고추, 풋고추)를 넣고 끓인 후, 달걀과 김가루를 올린다.

제육더덕구이

재료 (4인분) 

돼지고기(불고기용) 600g
더덕 150g

양념장

고추장 2T
고춧가루 4T
간장 2T
설탕 1T
올리고당 2T
다진 마늘 1T
다진 생강 1t
양파즙 1T
청주 1T
참기름 1t
후춧가루 약간

더덕 양념장

고추장 3T
설탕 1T
올리고당 1T
간장 약간

Recipe 

1. 돼지고기를 끓는 물에 살짝 데쳐 기름기를 뺀 후 먹기 좋은 크기로 자른다.

2. 양념장을 만든 후, (1)에 양념장을 넣고 버무린다.

3. 양념더덕을 만든다.

4. 불판에 양념한 돼지고기와 더덕을 함께 굽는다.

양념더덕 만들기

1. 더덕껍질을 벗긴다.

2. 길게 반으로 자른다.

3. 방망이로 두드려 민다.

4. 참기름을 버무려 재운다.

5. 고추장, 설탕, 올리고당, 간장을 섞어 양념장을 만든다.

6. 더덕을 양념장에 버무린다.

모시조개탕

재료 (4인분)

모시조개(해감용) 2봉, 무 5cm, 홍고추 1개, 풋고추 1개, 대파 ½대, 다진 마늘 1T,
육수(다시마 우린 물) 5컵, 소금 약간, 후춧가루 약간

Recipe

1. 깨끗이 씻은 무는 나박 썬다.

2. 냄비에 육수와 모시조개, 무를 넣고 끓인다.

3. 뜰채로 모시조개와 무를 건져 놓는다.

4. 끓인 (2)의 육수를 면보자기에 걸러 찌꺼기를 거른다.

5. 냄비에 육수와 모시조개, 무를 넣고 다시 끓이다가 준비한 홍고추, 풋고추, 대파,
   다진 마늘을 넣고 끓인 후 소금, 후추로 간한다.

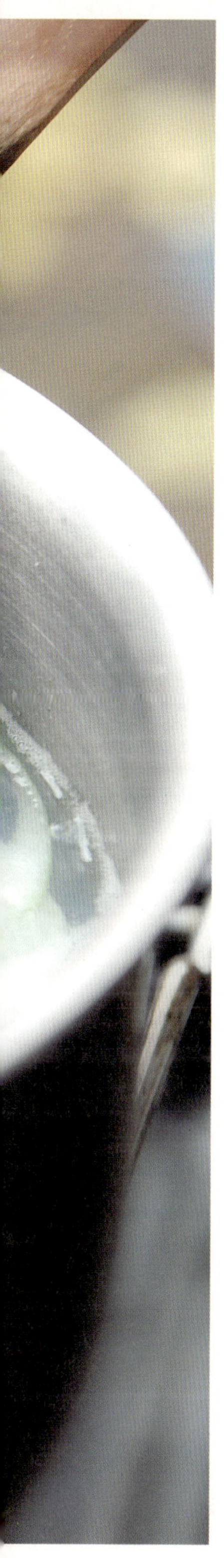

로스트치킨

재료 (4인분)

닭 한 마리
마늘 5개
당근 1/3개
양송이버섯 4개

양념장

화이트와인 5T
올리브오일 3T
로즈마리 4줄
허브소금
후춧가루 약간

Recipe

1. 닭을 흐르는 물에 깨끗이 씻은 후 손질한다.

2. 양념장 재료를 모두 섞어 양념장을 만든다.

3. 깨끗이 씻은 당근은 한입 크기로 썰고 양송이버섯은 2등분한다.

4. 닭 속에 당근, 마늘, 양송이버섯을 채우고 양념장을 골고루 발라 재운다.

5. (4)를 쿠킹호일에 싸서 더치오븐이나 그릴(집에서는 오븐)에 넣어 노릇하게 굽는다.

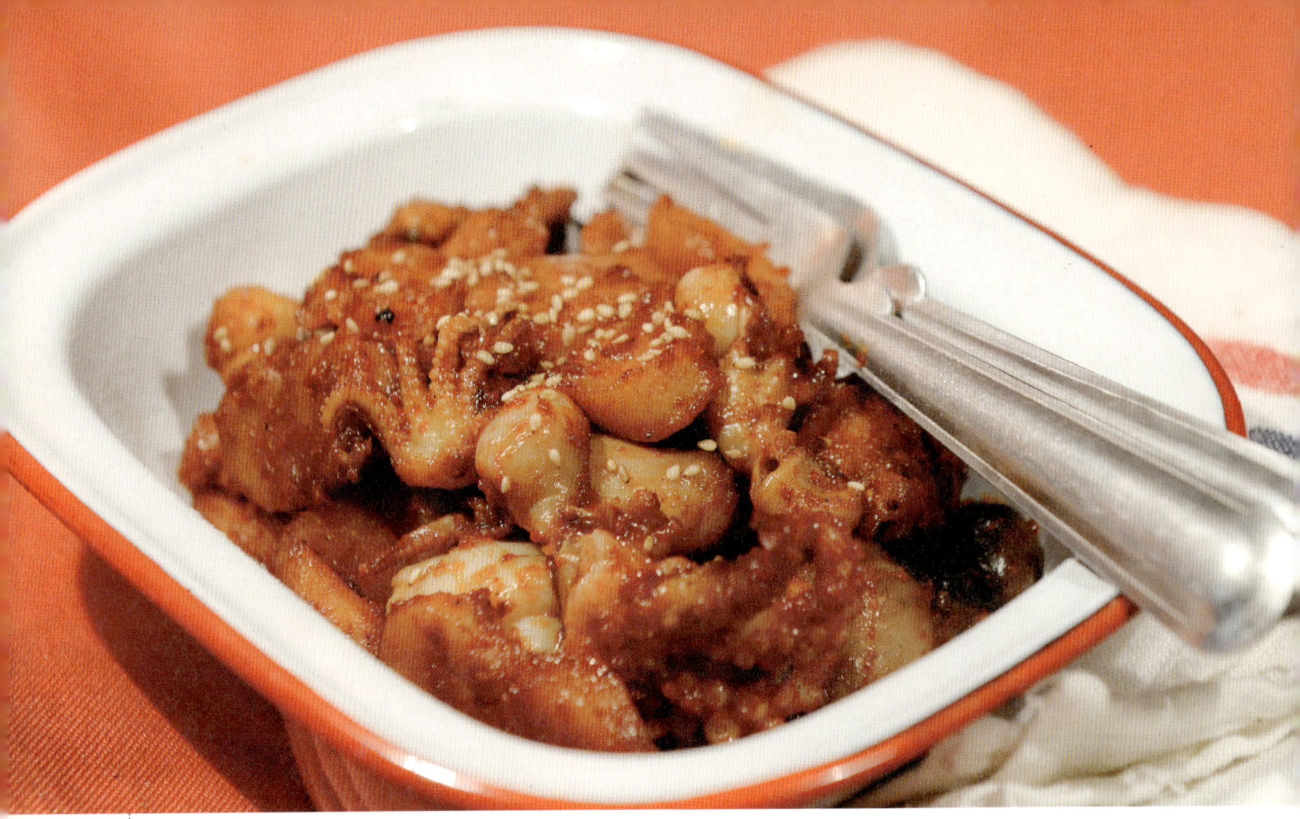

주꾸미 불고기

Recipe

1. 주꾸미대가리 안의 내장을 제거하고, 밀가루를 넣고 주무른 후 찬물에 깨끗하게 헹구어 물기를 뺀다. 관자는 0.5cm 두께로 슬라이스한다.

2. 양념장 재료를 모두 섞어 양념장을 만든다.

3. (1)에 양념장에 넣고 버무린다.

4. 불판에 (3)을 굽는다.

주꾸미 10마리, 관자 6개

양념장

고추장 4T, 고춧가루 2T, 간장 1T, 청주 2T, 설탕 1T, 올리고당1T, 다진 마늘 1T, 다진 생강 1t, 양파즙 1T, 후춧가루 약간

부대찌개

재료 (4인분)

다진 돼지고기 150g, 김치 ¼포기,
통조림 콩 1캔, 스팸 1캔, 베이컨 6줄,
라면사리 1개, 대파 1개, 조랭이떡100g,
두부 ½모, 팽이버섯 100g,
사골육수(시판용) 4컵

양념장

고추장 1T, 고춧가루 2T, 간장 1T,
다진 마늘 1T, 설탕 ½T, 청주 1T,
후춧가루 약간

Recipe

1. 냄비에 모든 재료를 둘러 담는다.

2. 양념장을 만든다.

3. (1)에 육수와 양념장을 넣고 끓인다.

도토리묵밥

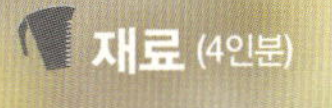 **재료** (4인분)

도토리묵 400g, 오이 ½개, 당근 ¼개, 김 1장, 밥 2공기, 김치 ¼포기(밑간은 참기름 1T, 설탕 ½T, 통깨 약간)

육수

멸치 다시마 육수에 국간장과 소금으로 간한다.

Recipe

1. 육수재료를 모두 섞어 육수를 만든다.

2. 도토리묵은 1cm 두께, 4cm 길이로 썰고 오
   이, 당근, 김치는 채 썬다.

3. 채 썬 김치는 밑간한다.

4. 그릇에 밥을 넣은 후 도토리묵, 오이, 당근,
   김치, 김을 넣고 육수를 붓는다.

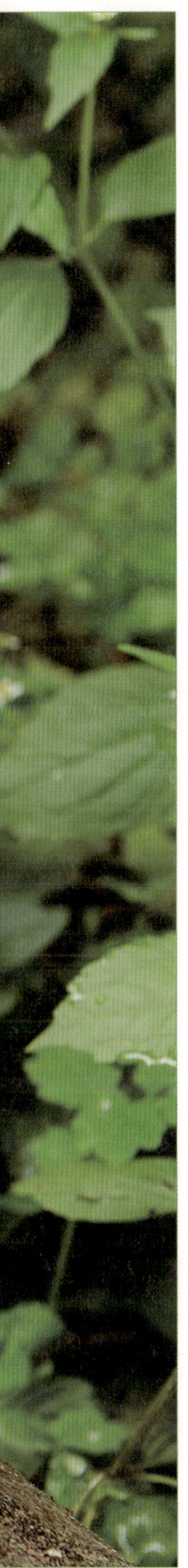

닭볶음탕

Recipe

1. 닭고기를 찬물에 담가 핏물을 뺀 후, 냄비에 찬물, 대파, 통후추, 통마늘을 넣고 닭고기를 데친다.

2. 감자, 당근, 양파는 모두 큼직하게 썬 후 냄비에 감자, 당근을 깔고, 데친 닭고기와 양념장과 물(내용물이 잠길 정도)을 넣고 센 불로 끓인다.

3. 끓기 시작하면 어슷 썬 청고추, 풋고추, 도톰하게 채 썬 양파, 어슷 썬 대파를 넣고 더 끓인다.

재료 (4인분)

닭 한 마리(볶음용)

대파 ½대

마늘 4알

통후추 20알

감자 2개

당근 ½개

양파 ½개

대파 ½대

홍고추 1개

풋고추 1개

양념장

고추장 2T

고춧가루 2T

간장 1T

설탕 1T

올리고당 1T

매실청 ½T

후춧가루 약간

영양굴밥

재료 (4인분) 

쌀 2컵, 굴 2봉, 대추 6개, 은행 16개, 육수(다시마 우린 물) 적당량

양념장

진간장 5T, 고춧가루 1T, 채소(마늘, 대파, 홍고추, 부추) 각 1T씩,
참기름 1T, 설탕 ½T, 통깨 1T

Recipe 

1. 굴을 체에 담고 흐르는 물에 씻는다.

2. 돌솥에 참기름을 두르고 불린 쌀을 넣어 볶다
   가 육수를 넣고 밥을 짓는다.

3. 뜸 들인 밥이 다 되어갈 때 굴, 대추, 은행을
   넣는다.

4. 양념장 재료를 모두 섞어 양념장을 만든다.

어묵꼬치탕

재료 (4인분)

어묵 2봉, 곤약 100g, 홍고추 1개, 풋고추 1개

육수

멸치 10개, 다시마(4cm×4cm) 2장, 건새우 10개, 대파 1개, 양파 ½개, 무 5cm, 물 5컵

Recipe

1. 육수 재료를 모두 넣고 끓여 육수를 만들고, 고추는 어슷 썬다.

2. 곤약은 한입 크기로 썰고 꼬치에 어묵과 함께 꽂는다.

3. 냄비에 끓여 놓은 육수와 무를 넣고 꼬치어묵과 홍고추, 풋고추를
   넣어 끓인다.

4. 간장과 후추로 간한다.

순대볶음

재료 (4인분)

순대 1줄
떡국떡 ½컵
양배추 4장
깻잎 8장
당근 1/3개
양파 ½개
대파 1대
홍고추 1개
풋고추 1개

양념장

고추장 2T
고춧가루 1T
간장 1T
올리고당 1T
청주 2T
참기름 1T
다진 마늘 1T
들깨가루 1T
후춧가루 약간

Recipe

1. 순대는 1cm 두께로 어슷 썰고 양배추, 깻잎, 양파는 굵게 채 썰고, 당근은 어슷하게 반달 썰고 대파, 고추는 어슷하게 썬다.

2. 양념장 재료를 모두 섞어 양념장을 만든다.

3. 팬에 기름을 두르고 양념장을 제외한 재료를 모두 넣어 볶는다.

4. (3)에 양념장을 넣고 볶는다.

오징어순대

재료 (4인분) 

오징어 2개, 다진 소고기 100g, 두부 ¼모, 당근 1/5개,
양파 ¼개, 김치 2장, 부추 30g, 홍고추 ½개, 풋고추 ½개,
달걀 1개, 밀가루 약간

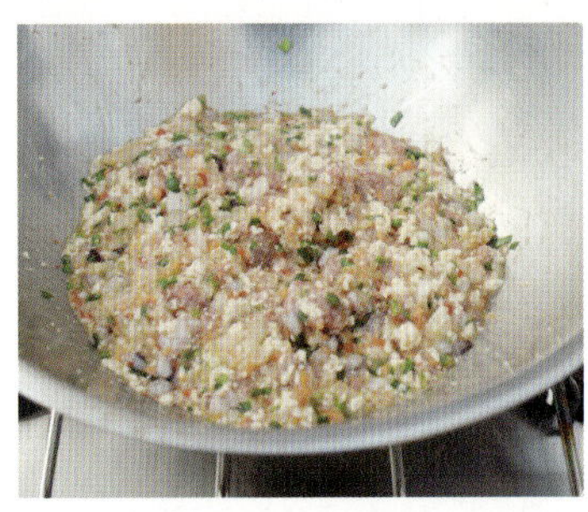

Recipe

1. 오징어는 내장을 제거하고 흐르는 물에 깨끗이 씻는다.

2. 끓는 물에 오징어 다리를 데친 후 잘게 썬다.

3. 두부는 물기를 뺀 후 으깨고 당근, 양파, 김치, 부추, 홍
   고추, 풋고추는 다진다.

4. 볼에 (3)과 다진 소고기, 잘게 썬 오징어다리, 달걀, 참기
   름, 소금, 간장, 후추를 넣고 끈기가 날 정도로 버무려 소
   를 만든다.

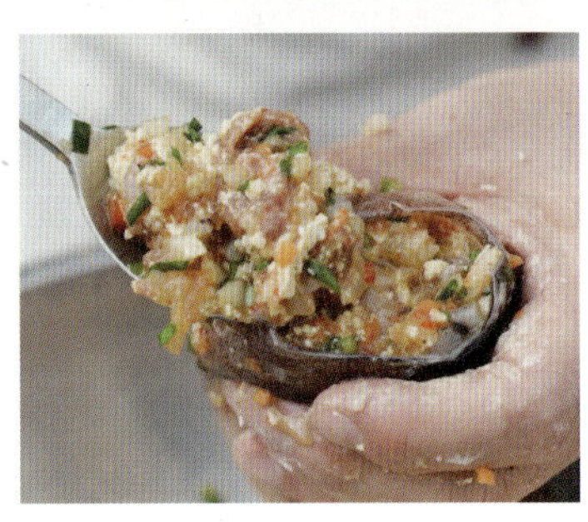

5. 손질한 오징어에 밀가루를 넣어 소가 오징어 몸통 속에
   서 잘 붙도록 한다.

6. 오징어 몸통에 소를 채운 후 김이 오른 찜기에 찐다.